東京大学の先生伝授

系のための
ちゃやさしい

虚数

監修 山本昌宏
東京大学大学院教授

はじめに

ものの個数を数える能力は，人間以外のある種の動物も持っていると考えられています。しかし，人間はそこから自然数という数の考えを抜き出して，整数，有理数，負の数，さらには無理数もつけ加えて実数をつくりだしました。そして，ついには数直線という1次元的な束縛を脱して，数の世界を平面にまで拡大させました。その到達点が虚数です。そこまでの道のりには紆余曲折がありました。虚数は現実離れした理屈だけでつくられたものではなく，たとえば具体的な方程式を便利に解くためにおおいに役立ってきました。**そして現代では，数学に留まらず物理学などにおいても，われわれの宇宙の起源の解明を考える際にも必要不可欠なものとなっています。**私たちが毎日当たり前のように使っている携帯電話やパソコンも，虚数なしでは今のような形になっていたかどうかわかりません。

虚数は，高校や大学の文系の数学のカリキュラムでは，取り扱われないか，あるいはほんのすこし触れられるだけです。そこで，皆さんの多くにとって，虚数は馴染みが薄いかもしれません。また，これはわからないということで，はじめから敬遠してしまう方も少なくないでしょう。**しかし，虚数について知ることは，数学だけに限定された興味だけでなく，数を巡るとても長い年月にわたるわれわれ人類の知的活動の歴史について理解を深め，現代の社会を支えている科学技術を学んでいくことにつながります。**

本書では，このような虚数を，その役割や計算方法などとともにわかりやすく説明して，深遠でありながらとても便利な数の世界へのやさしいガイドとなることを目指しました。

監修

東京大学 大学院数理科学研究科教授

山本　昌宏

目次

0時間目 虚数って何?

STEP 1

これが虚数だ!

1 時間目 虚数への道のり

STEP 1

虚数以前に生まれたさまざまな数

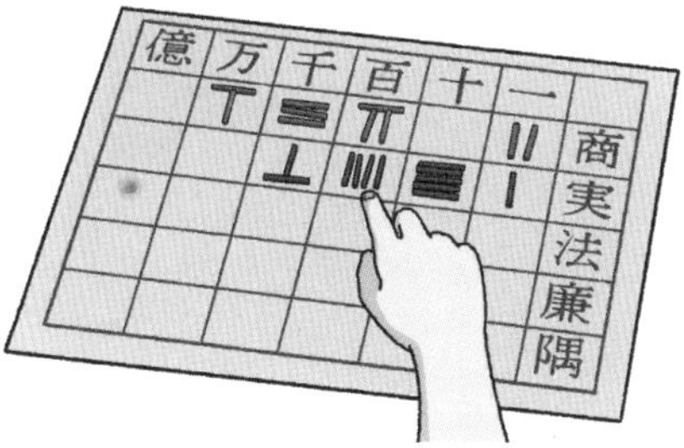

STEP 2

虚数の誕生

2時間目 虚数と複素数を計算してみよう！

STEP 1

虚数を数の平面であらわそう！

$i > -i$?

$i < -i$?

STEP 2

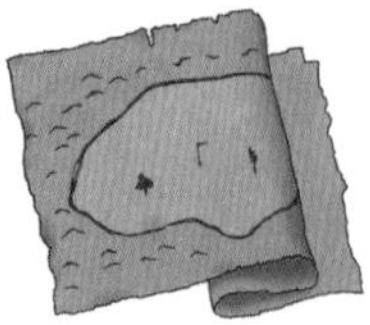

回転すれば，かけ算ができる！

3 時間目 現代科学と虚数

STEP 1

世界一美しいオイラーの等式

STEP 2

物理学には虚数が欠かせない

$i^2 = -1$

とうじょうじんぶつ

山本昌宏 先生

東京大学で数学を
教えている先生

数学アレルギーの
さえない文系サラリーマン（27才）

0 時間目

虚数って何？

STEP 1

これが虚数だ！

一見，存在しないように思える不思議な数「虚数」。この，一風変わった数を知る手がかりとして，まずは，16世紀イタリアで考案された，虚数でしか解けない問題を紹介しましょう。

虚数とは，「2乗するとマイナスになる数」！

先生，昨日SFアニメを見ていたら，虚数空間とか虚数時間っていう，よくわかんない単語がたくさん登場してきたんです。
虚数って，いったい何なのですか？

おっ，虚数に興味をもちましたか！　いいですね！
虚数は，中学校までに習う普通の数とはまったくちがう数です。
でも，虚数がなければ，数の世界は不完全になってしまう。そんな数なんです。

普通の数とはまったくちがう数？
そんなわけのわからない数が，数の世界を完全なものにしているんですか……？

そうなんです！

宇宙
実数時間
虚数時間

虚数は，日常生活から最先端の物理学の研究まで，さまざまな場面で活躍しているんですよ。
たとえば，**電気についての計算**や，超ミクロの世界を解き明かす**量子力学の世界**では虚数は欠かせません。さらには，宇宙の誕生時には，虚数時間が流れていた，なんていう理論も提案されています。
虚数は現代社会に**なくてはならない存在**なんです。

量子力学の世界

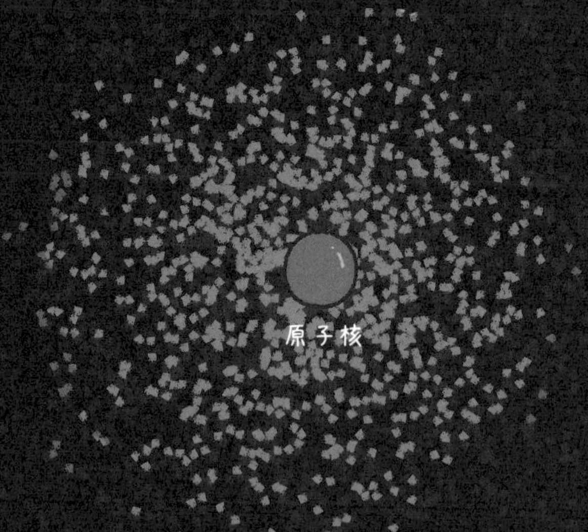

水素原子

へぇっ，虚数ってすごいものなんですね。
それで，虚数とはいったい……？

まさに，**お化け**のような，というか**魔法使い**のような数です。

お，お化け～!?

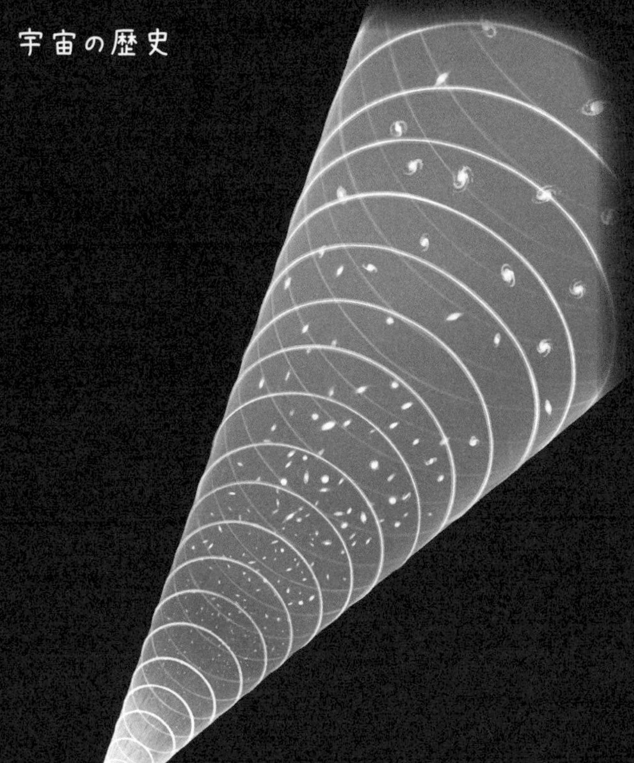

虚数の「虚」という字には，“むなしい”，“からっぽの”，“うその”，といった意味があります。
虚数はその名の通り，**あたかも存在しないような数なんです。**

先生，意味不明すぎますっ！
もっとわかりやすくお願いします。
虚数とはずばり，何なんですか？

虚数とは，ずばり！
「２乗するとマイナスになる数」です。

２乗するとマイナスになる？

「２乗」というのは，同じ数を２回かけ合わせることです。
たとえば2の２乗は２×２＝４です。

いったいどんな数を２乗すればマイナスの数になるんでしょうか？
マイナスの数を２乗すればいいのかな？

マイナスの数ではだめです。－１を２乗すると
(－１)×(－１)＝＋１となりますよね。

うーむ。
2乗してマイナスの数になる数なんて，あります!?

もちろん，プラスの数を2乗しても，0を2乗しても，マイナスにはなりません。プラスからマイナスまでの数をいくら調べたって，「2乗するとマイナスになる数」なんて，**どこにも見あたらないのです！**

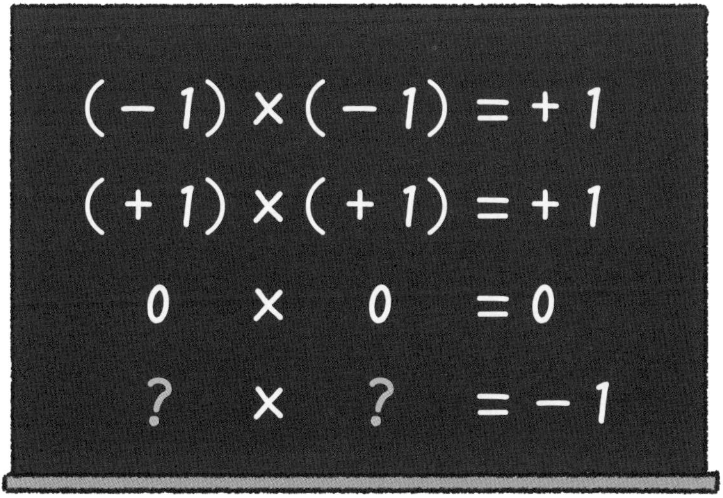

むむむ。
だから虚数は，存在しないようなお化けみたいな数ということですね。

そういうことです。

足して10，かけて40になる数を考えてみよう

虚数がはじめて登場したのは，イタリアの数学者**ジローラモ・カルダノ**（1501 ～ 1576）が1545年に出版した『**アルス・マグナ**』という数学の本です。
この本には，次のような問題が紹介されています。

二つの数がある。これらを足すと10になり，かけると40になる。二つの数は，それぞれいくつか？

$$A+B=10$$

$$A\times B=40$$

えっ，この問題が虚数と何の関係があるんですか？
普通に答がありそうですけど。
私には解けませんが。

さぁ，どうでしょうね。いろんな数をあてはめて考えてみましょう。
まず，足して**10**になる数の組み合わせなので，**5と5**はどうでしょうか？

5と5はたしかに足すと10ですけど，かけると**5 × 5 = 25**で，40には全然たりませんよ。

じゃあ，**4と6**ではどうでしょうか？

4 × 6 = 24なので，やっぱり40にはなりません。
うーん，どんな数だったらいいんだろう？

じゃあ，方程式で解いてみましょうか！

ほ，ほうていしきぃ!?
そういうのはカンベンしてくださいよ～！

いえいえ，むずかしくないから！　大丈夫です！
「5よりxだけ大きな数（$5+x$）」と，「5よりxだけ小さな数（$5-x$）」の組み合わせで，かけると40になる数をさがしましょう！

えーっと。（$5+x$）と（$5-x$）は，足すとちゃんと10になりますね。
かけ算すると，（$5+x$）×（$5-x$）で……

中学校で習う公式$(a+b)(a-b)=a^2-b^2$を使えば，
$(5+x)(5-x)=5^2-x^2=25-x^2$になりますね。

むむむ。

通常の数では，x^2 はかならずプラスになります。
プラスの数の２乗はプラスであり，マイナスの数の２乗もやはりプラスになるからです。

ということは，$25-x^2$ の結果は，どうしたって25よりも小さくなるってことですね。

そういうことです。
つまり，**x にどんな数をあてはめても，二つの数をかけたときに40には決して届かないのです。**

えー？
じゃあ，どうやってこの問題を解くんですか？

この問題には普通の数の中には，答がないわけなので，中学校までに習う数学なら，「解なし」と答えれば正解です。

解なし！　うーん。
なんだか納得いかない。

この問題を**長方形の面積**に関連づけて考えてみましょう。**「縦＋横＝10」**で，かつ**「縦×横＝40（長方形の面積）」**となる長方形を探せばよいわけです。
縦＋横＝10となる範囲で，長方形の面積を考えてみます。
まず，縦と横が5になる**正方形**を考えると，**面積は25**となりますから，問題の条件を満たしていません。

ふむふむ。

次に「縦＋横＝10」となる**長方形**で，たとえば，**縦7，横3**の場合を考えてみます。このときの長方形の**面積は21**です。
また，**縦2，横8**の長方形でも縦＋横＝10ですが，**面積は16**にしかなりません。

やっぱり40には全然たりませんね。

そうなんです。
先ほど説明したように，縦＋横＝10なので，一般に縦の**長さを$5-x$，横の長さを$5+x$**と置くことができます。そのときの面積は$(5+x)\times(5-x)=25-x^2$となります。
xをいろいろ動かして，この面積が最大となるのは**$x=0$**の場合です。このとき，縦も横も5で等しくなります。
つまり，縦と横の長さの合計が同じ場合，長方形の面積は正方形のときに最大となるんです。

ということはやはり，縦＋横 ＝ 10という条件のもとでは，面積が25より大きくなることはないんですね。
長方形の面積が40になるなんて，ありえないのか。

そういうことです。
長方形の面積で考えても，この問題に解がないことがわかります。

やっぱり解なし！

ところが！ 『アルス・マグナ』には具体的な解がしるされているんです。
そこに登場する数こそ「2乗してマイナスになる数」，すなわち**虚数なんです！**

おお！　虚数を考えれば，解がないはずのこの問題に答が出せるんですね！

その通りです。

なんだか，**虚数に興味がわいてきた！**

それじゃあ，虚数とはどういう数なのか，じっくり考えていきましょう！
この本では，まず1時間目に，人類がたどってきた数の探索の旅を紹介します。虚数にたどりつくまで，人類はさまざまな数を発見してきました。
そして2時間目以降に，具体的な虚数の計算や，虚数が社会のどんな場面で活躍しているのかを見ていきましょう。

はい！　よろしくお願いします！

1 時間目

虚数への道のり

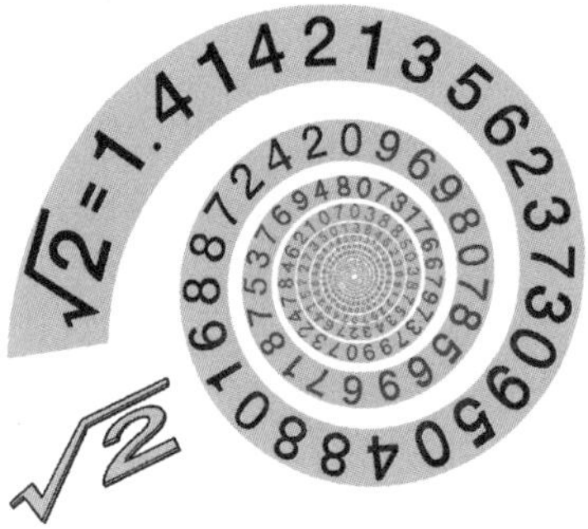

STEP 1

虚数以前に生まれたさまざまな数

虚数の発見の前に，人類はさまざまな数をつくり上げてきました。数にはどのような種類があり，それぞれどのようにして生まれてきたのかを見ていきましょう。

人類は新しい数の概念を発見してきた

1時間目のSTEP1ではさまざまな数を紹介します。はじめに，**数**にはどんな**種類**があるのかを簡単に紹介して，そのあとで，それぞれの数の歴史をくわしく解説します。
まず，数の中で，最も起源が古いのは，1，2，3，……という**自然数**です。

しぜんすう？

はい。自然数に0を含めて考えることもありますが，ここでは，自然数とは1，2，3，……という数全体を意味するものとし，0を含めません。
自然数は，リンゴが1個，牛が2頭，日数が3日……というぐあいに，**物の個数を数えるために生まれたものと考えられます。**

ふむふむ。
物を数えるために生まれた自然数，と。

5
3

8

はい。
そして，自然数に，**ゼロ**や，自然数の符号を変えた－1や－2のような**負の数（マイナスの数）**をあわせて，**整数**といいます。

マイナスの数やゼロって，生活の中でもすごく馴染み深いですね。気温−3℃とか，0キロカロリーとか。

ゼロ

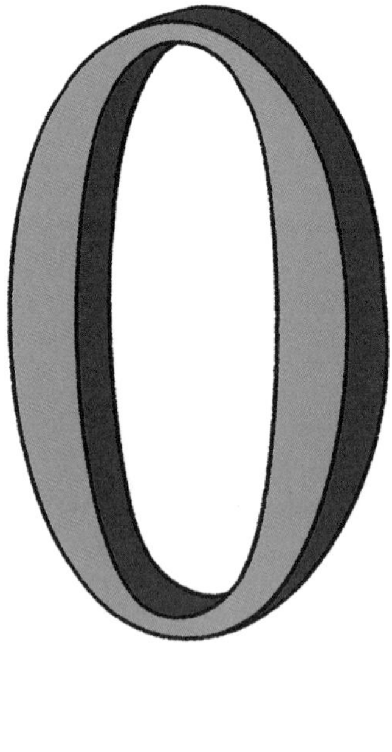

はい。さらに，私たちの生活の中では，整数だけでなく，**「1と2の間の数」や，「3と4の間の数」が必要です。**「2倍すると3になる数＝$\frac{3}{2}$＝1.5」，「1を10等分したもの＝$\frac{1}{10}$＝0.1」のような数です。

分数や小数ですね！

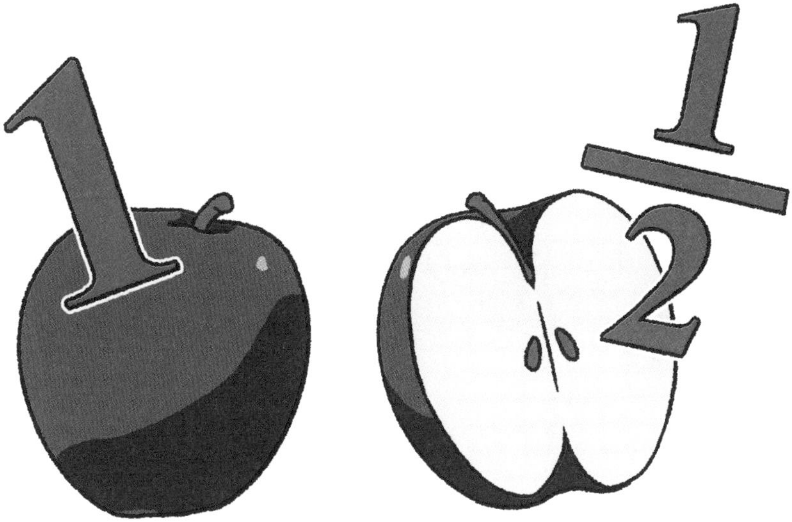

そうです。
分数であらわすことができるこれらの数のことを**有理数**といいます。**有理数を使うことで，ものの個数だけでなく，長さや重さ，体積などの「量」を，数であらわす道が開けます。**

自然数から有理数に拡張することで，数であらわせるものの範囲が広がるんですね。

そうですね。
さらに，**分数ではあらわせない数，つまり有理数でない数というのも存在します。**

えっ!?　分数であらわせない数なんてあるんですか？

たとえば，2乗すると2になる数，すなわち$\sqrt{2}$（＝1.4142……）などです。
ほかにも黄金比（＝1.6180……）や円周率π（＝3.1415……）なども分数であらわすことができません。

黄金比 ϕ ＝ 1.6180339887
4989484820
4586834365.....

$\sqrt{2}$
＝
1.41421 35623 73095 04880
16887 24209 69807 85696
71875 37694 80731 76679
73799 07324 78462 10703
88503 87534 32764 15727
35013 84623 09122 97024
92483 60558 50737 21264.....

π 円周率
＝
3.14159 26535 89793 23846
26433 83279 50288 41971
69399 37510 58209 74944
59230 78164 06286 20899
86280 34825 34211 70679
82148 08651 32823 06647
09384 46095 50582 23172.....

あっ，ルートは中学校で習いました。
$\sqrt{2}$ って分数であらわすことができないんですね。
それから円周率も。

ええ。これらの，分数であらわせない数は**無理数**といいます。
無理数を小数であらわすと，小数点以下の数字が決して循環することなく限りなくつづきます。

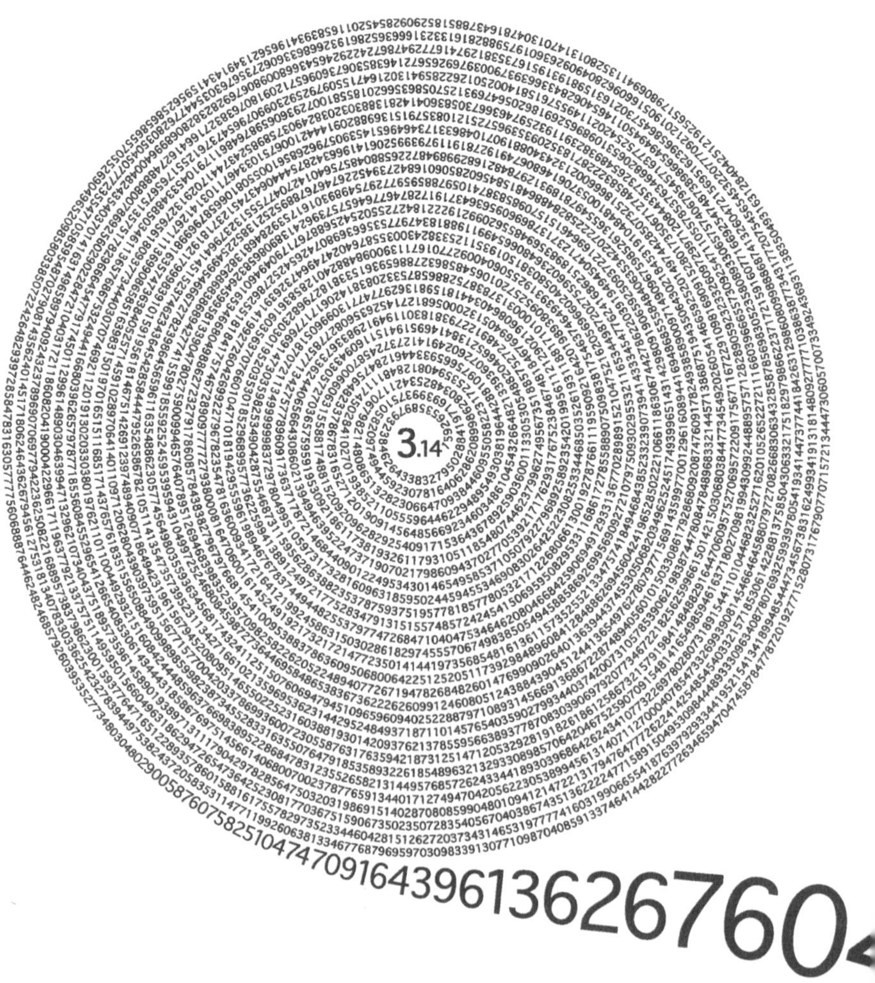

円周率は，3.1415……と永遠につづくって聞いたことがあります。これが無理数だったんですね。

はい。そして，有理数と無理数を合わせた数全体のことを**実数**《じっすう》といいます。

これで，**すべての数が勢揃い**したわけですね！
あ，あれ……，じゃあ，虚数は？

さらに！　人類は「実数以外の数」まで発見してしまいました。

それが，虚数なのです！

実数以外の数～!?

まったく意味がわかりません……。

このあとくわしく解説していきますから，安心してください。
ともかく，数の拡張をつづけてきた人類は，実数の世界の外にある数にまでたどりついたのです！

-80
-5
-9
-8
-82
-517
-178
-68
-4
-81
-384
-3/6
-54
2/5
-256
-37
1/33
-4/7
46/105
3/8
1/9
7/8
4/7
2/7
9/35
5/6
-39/78
4/6

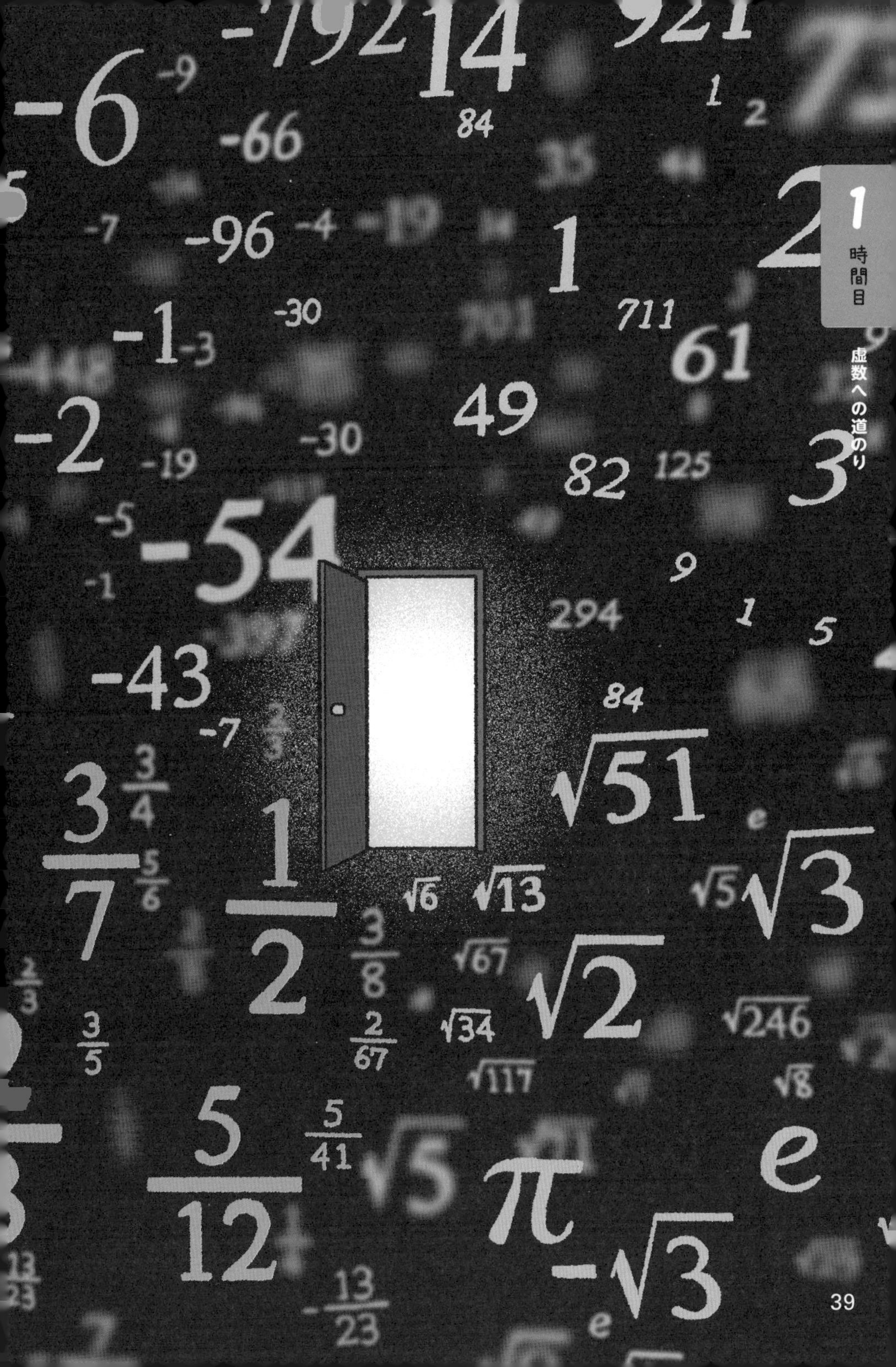

古代文明で「数字」が生まれた

ここから，今紹介したそれぞれの数の歴史を，もっとくわしく見ていきましょう。
大昔から人間は，**手の指などを使って，物の数を数えていたと思われます。**
私たちは，10を位取りの単位として数える**10進法**という方法を使っています。これは人間の手の指が**10本**だったからでしょう。

じっしんほう？

ええ，0～9まで10個の数字で数をあらわし，9の次は位が一つ上がる数え方です。
人間の手の指が**8本**だったら，きっと私たちは**8進法**を採用していたでしょうね。

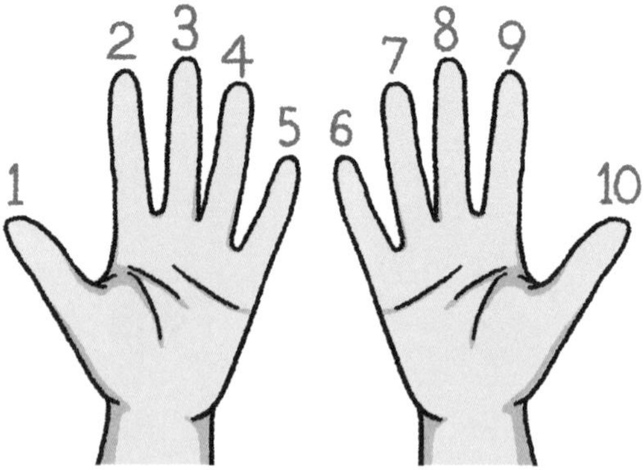

面白いですね！
8進法ってことは，7の次で位が一つ上がるわけか。
うーん，とても馴染めそうにないなぁ。

さらに人間は，**木や骨に印をつけて数を“保存”することを覚えました。**
初期の数は，たとえば「1」ならば印を一つ，「2」ならば印を二つというように記録されていました。
このときは，まだ数字とよべるほどのものではありませんでした。

ちゃんとした数字は，いつ生まれたんですか？

数字が生まれたのは，およそ4000年前の古代エジプトや古代メソポタミアと考えられています。
古代エジプトでは，**ヒエログリフ**とよばれる文字を使って数をあらわし，**10進法**が用いられていました。
一方，メソポタミアでは**くさび形の記号**が数字として使用されました。メソポタミアでは古代エジプトとはことなり，**60進法**が用いられました。
メソポタミアや古代エジプト以外にも，**古代マヤ文明**，**古代の中国**でもそれぞれ独自の数字を使用していたことが知られています。

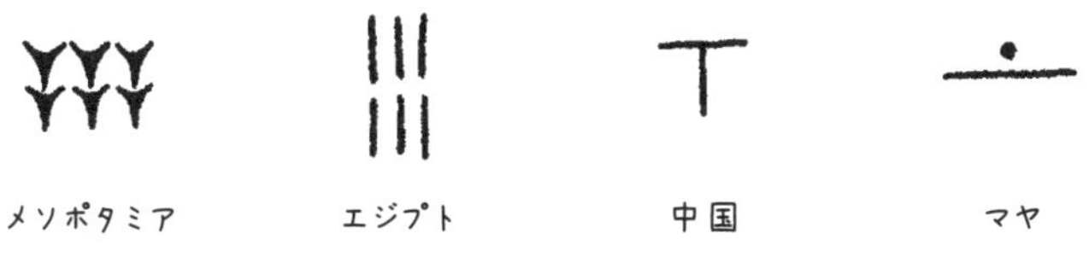

古代から，世界各地で数字が利用されていたんですね。

ちなみに，マヤ文明では**1**をあらわすのに，点や棒，貝といった記号が使用され，**20進法**が用いられていたんですよ。

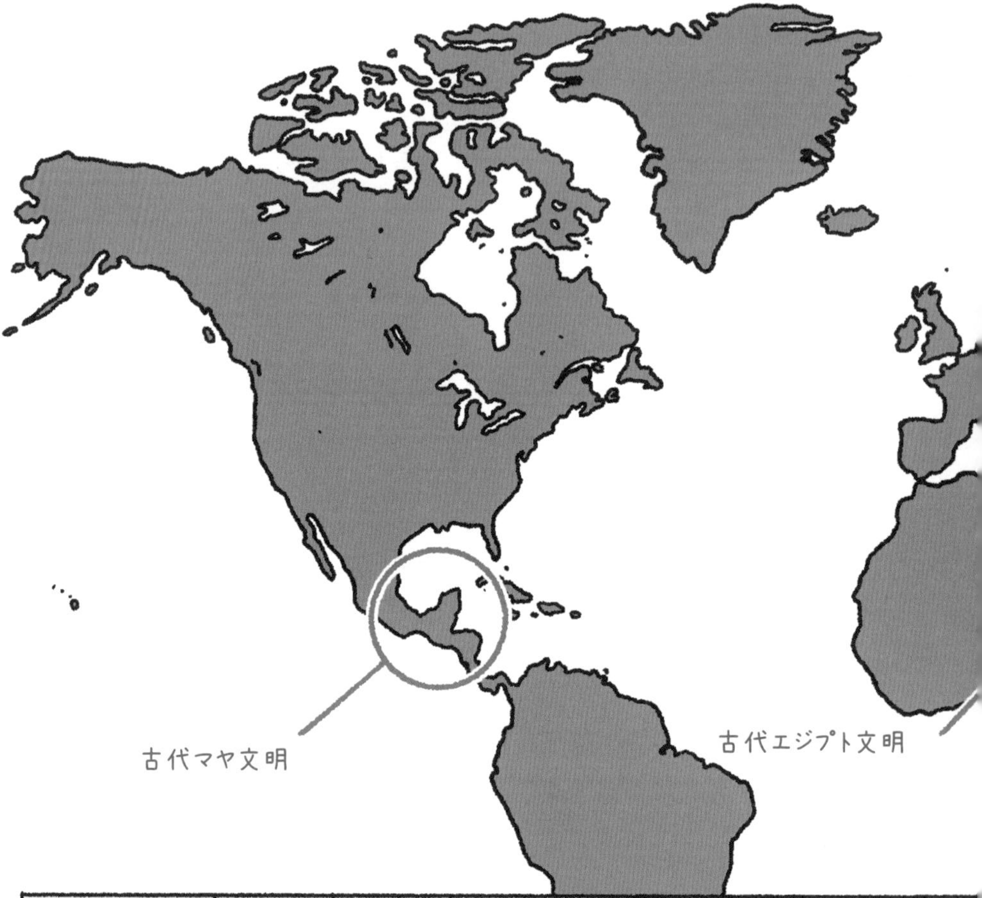

	1	2	3	4	5	6	
メソポタミア	𒁹	𒈫	𒐈	𒐉	𒐊	𒐋	
エジプト	𓏺	𓏻	𓏼	𓏽	𓏾	𓏿	
中国	𝍠	𝍡	𝍢	𝍣	𝍤	𝍥	
マヤ	•	••	•••	••••	—	• —	

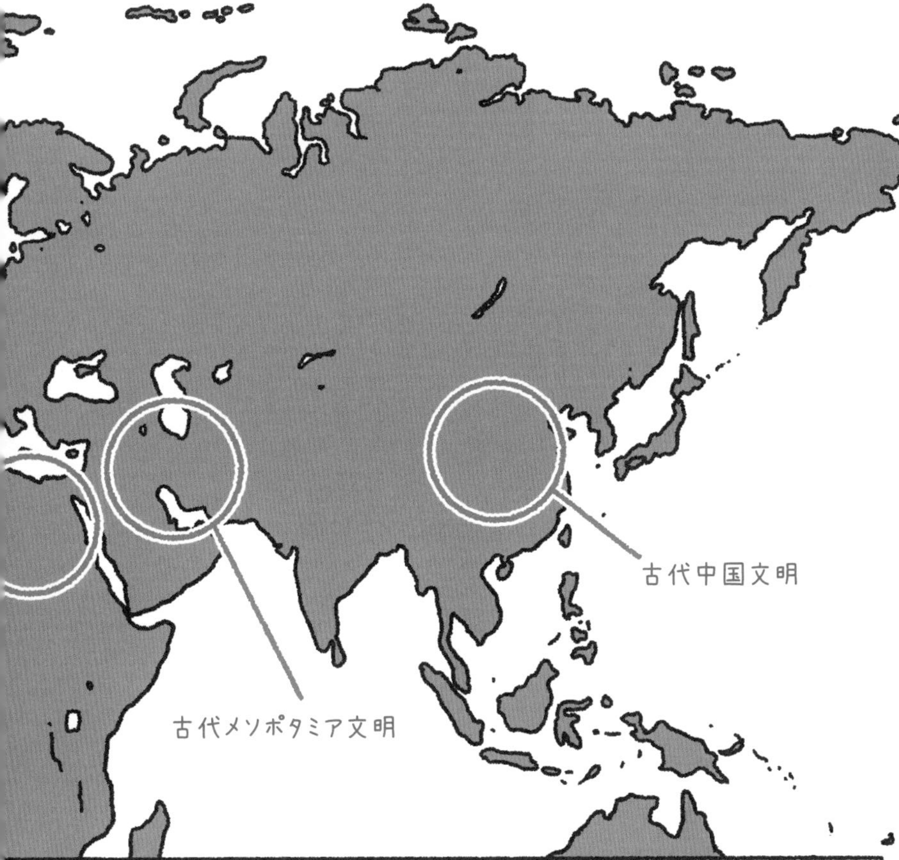
古代中国文明
古代メソポタミア文明

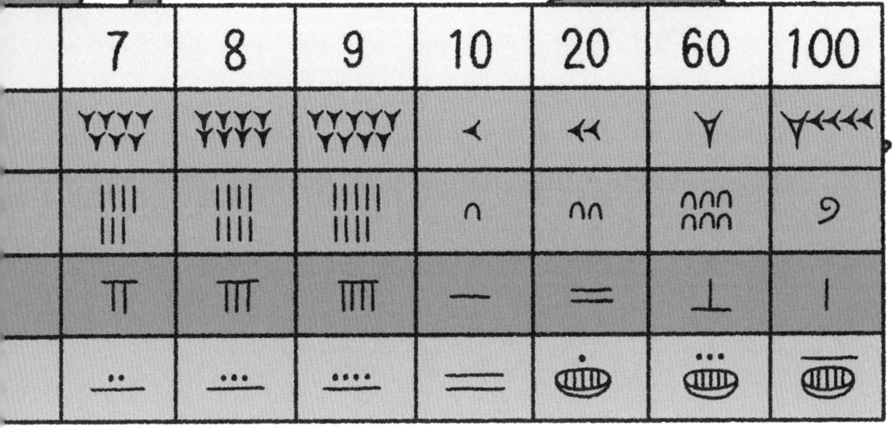
7
8
9
10
20
60
100

分数を使って，整数の間の数をあらわせるようになった

数の中で，最も起源が古いのが「**自然数**」です。

1個2個3個のように，物の個数を数えるために生まれた数字のことですね。

その通りです。
ここまでに見たように，古代文明（メソポタミア文明，エジプト文明，マヤ文明，中国文明）のそれぞれは，すでに自然数をあらわす数字をもっていました。

自然数は，一番とっつきやすい。

そうですよね。そして自然数は，次の段階に進みます。

自然数の，次の段階……？

1＋1＝2, 6＋15＝21のように, 自然数どうしを足せば, その答は必ず自然数になります。自然数どうしのかけ算も，同じように答は必ず自然数です。
しかし，自然数どうしで割り算を行うと，自然数の中には答が見つからないことがあります。

ええっと。
どういうことでしょうか？

たとえば，「6÷3」の答は「2」であり，自然数の中に見つかります。
でも，「1÷3」という割り算の答は自然数の中には見つかりません。

なるほど。この割り算は，**余り**を許容しなかったら，自然数では答が出せませんね。

そうなんです。
そこで古代の人々は，「1÷3の答」を数としてあつかうことにしたんです。
これが「**分数（fraction）**」の考えかたです。

$\frac{1}{3}$ **分数**

おぉーっ！ 頭いい！
自然数の次は，分数というわけですね！

自然数と，自然数からなる分数を合わせて，**（正の）有理数（rational number）**とよんでいます。有理数を使うことで，物の「個数」だけでなく，長さ，重さ，体積などの「量」を，より広く数であらわすことが可能になったのです。

分数は，小数でもあらわすことができる！

分数って，小数であらわすこともできますよね？

そうですね。$\frac{1}{2}$であれば1÷2で0.5とあらわせます。

$$\frac{1}{2} = 0.5$$

実は，分数の中には，小数であらわすと，不思議なことがおきるものもあるんですよ。

不思議なこと？

はい。たとえば$\frac{1}{7}$とか。

$\frac{1}{7}$ということは，1÷7ですよね？
電卓で計算すると「0.1428571429」ですが……？

電卓ではすべてを表示できませんが，実は$\frac{1}{7}$を計算すると，「0.142857142857142857……」と，**142857の部分が循環しながら無限につづく小数になるのです。**

$$\frac{1}{7}=0.142857142857142857142857\cdots$$

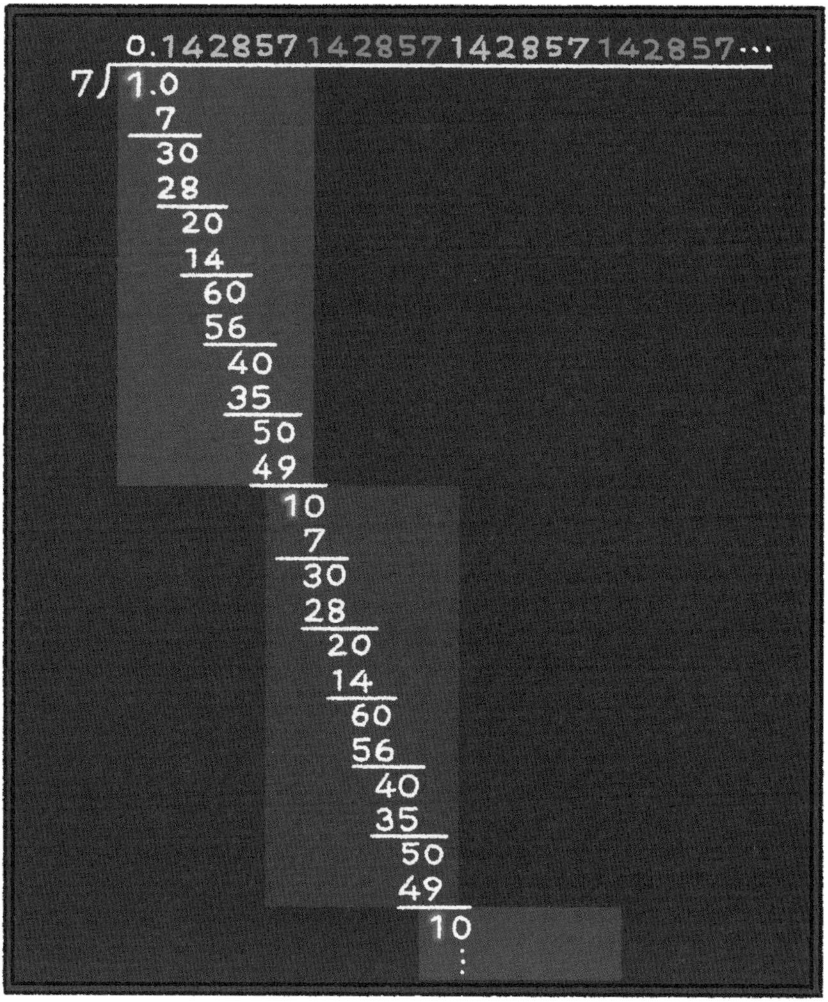

ええっ？

ホントですか!?

はい。そして，$\frac{1}{7}$だけじゃなく，$\frac{1}{17}$や$\frac{1}{61}$も同様に，小数点以下が循環しながら無限につづきます。

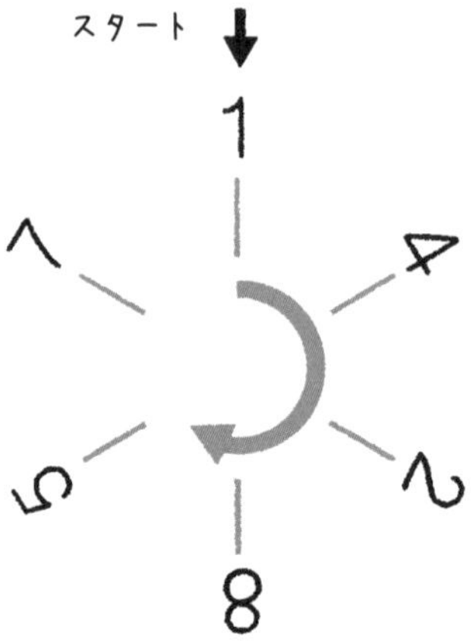

循環小数のルーレット

有理数である$\frac{1}{7}$，$\frac{1}{17}$，$\frac{1}{61}$を小数になおすと，「循環小数」(50ページ)になる。図は，これらの循環小数の循環部分を時計まわりに並べたものである。

ここにあげた循環小数の場合，向かい合った数どうしを足すと必ず9になることがわかる。

$\frac{1}{7}$ =0.142857142857142857…

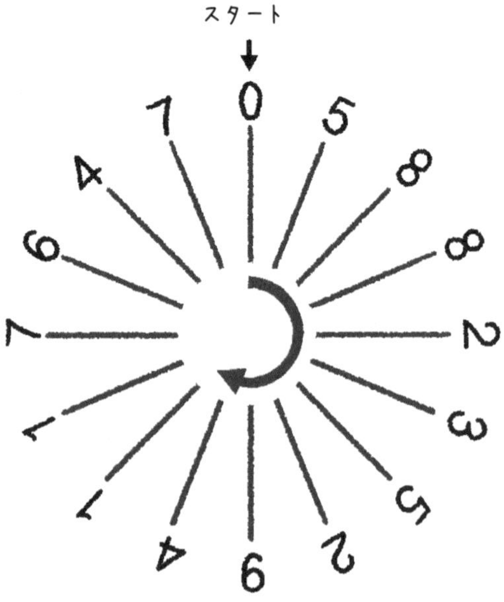

$\frac{1}{17}$ = 0.05882352941176470588235294117647058823529411764 7…

へぇ，おもしろい！

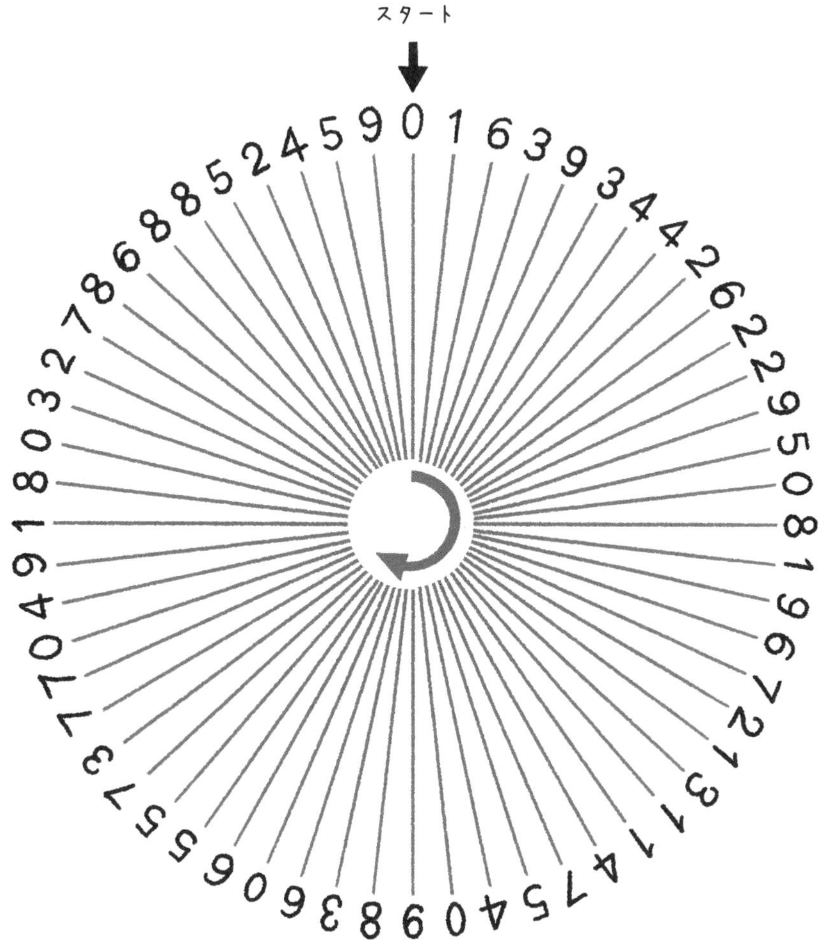

$\frac{1}{61}$ = 0.01639344262295081967213114754098360
6557377049180327868852459016393442622
9508196721311475409836065573770491803
2786885245901639344262295081967213114
7540983606557377049180327868852459…

あっ，そういえば，$\frac{1}{3}$もそうじゃないですか？

そうですね。$\frac{1}{3}=1\div3=0.3333\cdots\cdots$で，3が循環しながら無限につづきます。
どのような分数でも，「小数点以下が有限の小数」もしくは「小数点がある桁から循環しながら無限につづく小数」のどちらかであらわせます。
前者を**有限小数**，後者を**循環小数**といいます。

じゅんかんしょうすう……。

ちょっと脇道にそれますが，小数にすると不思議なパターンがあらわれる分数もいくつか紹介しておきましょう。飲み会のネタにでもしてください。

memo

小数にすると不思議なパターンがあらわれる分数

- $\frac{1}{9^2}$（$\frac{1}{81}$）を小数にしてみると，

$= 0.012345679012345679\cdots\cdots$

とくり返す。01234567までは順調だが，そこで8が抜けて9になり，0にもどる。

- $\frac{1}{99^2}$（$\frac{1}{9801}$）を小数にしてみると，

$= 0.\ 01\ 02\ 03\ 04\ 05\ 06\ 07\ 08\ 09$

$10\ 11\ 12\ 13\ 14\ 15\ 16\ 17\ 18\cdots\cdots$

$96\ 97\ 99\ 00\ 01\ 02\ 03\ 04\ 05\cdots\cdots$

とつづき，97の次に98を飛ばして99になり，00にもどってくり返す。

- $\frac{101}{99^3}$（$\frac{101}{970299}$）を小数にしてみると，

$= 0.00\ 01\ 04\ 09\ 16\ 25\ 36\ 49\cdots\cdots$

とつづく。平方数1，$2^2=4$，$3^2=9$，$4^2=16$，……が並ぶ。

- $\frac{1001}{999^3}$（$\frac{1001}{997002999}$）を小数にしてみると，

$= 0.000\ 001\ 004\ 009\ 016\ 025\ 036\ 049$

$064\ 081\ 100\ 121\ 144\ 169\cdots\cdots$

とつづく。

そういえば，分数と小数って，どちらも古代に誕生したんですか？

分数と小数は，整数と整数の間にある数をあらわすことができる点でとてもよく似ています。
でも，**その歴史には大きなちがいがあります。**
まず，分数は『リンドパピルス』という，紀元前17世紀ごろの数学の文書にも登場する，とても古い数です。

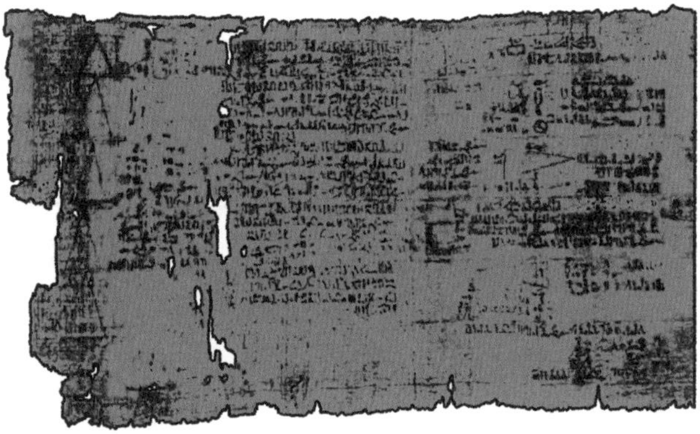

き，紀元前17世紀!?
めちゃくちゃ古い！
今から4000年近くも前に，分数はすでに存在していたのですね。
いやー，分数すごいなぁ。

一方，**小数の誕生は，分数にくらべるとずっと最近です。**
ヨーロッパで小数の考え方を決定的に推し進めたのは，16世紀のベルギーの数学者シモン・ステヴィン（1548～1620）です。

また，現在のような**小数点**を使った表記法は，スコットランドの数学者**ジョン・ネイピア**（1550 ～ 1617）が生みだしました。
ネイピアは対数の発明者としても有名ですね。

シモン・ステヴィン
（1548 ～1620）

ジョン・ネイピア
（1550 ～1617）

16世紀というと，今から**500年くらい前**ということか。
十分古いですけど，分数の方がうんと長い歴史をもっているんですねぇ。

どうやっても分数ではあらわせない「無理数」がみつかった

さて，数の探求の旅にもどりましょう。
「有理数を使えば，すべての数をあらわすことができる。」
そう考えていたのが，紀元前６世紀の数学者，**ピタゴラス**です。

あっ，ピタゴラスの名前聞いたことがあります。
たしか**ピタゴラスの定理**の。

そうです。そのピタゴラスです。
ピタゴラスは，自然数を神聖なものとして崇拝し，あらゆる数は自然数の比（分数）であらわせると考えていました。

ピタゴラス
（紀元前582年?～紀元前496年?）

たしかに，分数を使えばどんな数でもあらわせそうな気がします。
だって，$\frac{1}{1000000}$みたいに考えれば，どこまでも細かく数をあらわすことができるし，分数であらわすことができない数なんて，考えられません。

ええ，そうですね。
しかし，**ピタゴラスの考えに反して，分数であらわすことのできない数がみつかってしまうんです。**
そして，その発見につながったのが，ほかでもない，ピタゴラスの定理だったんです！

え，ちょっと待って。
ピタゴラス自身の発見がもとで，有理数であらわせない数が見つかっちゃったんですか？

そうなんです。
まあ，ピタゴラスの定理は，ピタゴラスがはじめて見つけて証明をしたということでもなさそうですが。

なるほど……。
ところでピタゴラスの定理ってなんでしたっけ？

ピタゴラスの定理というのは，直角三角形の辺の長さに関する定理です。直角三角形の２辺の長さがわかれば，残りの１辺の長さがわかるという。
三平方の定理ともよばれます。

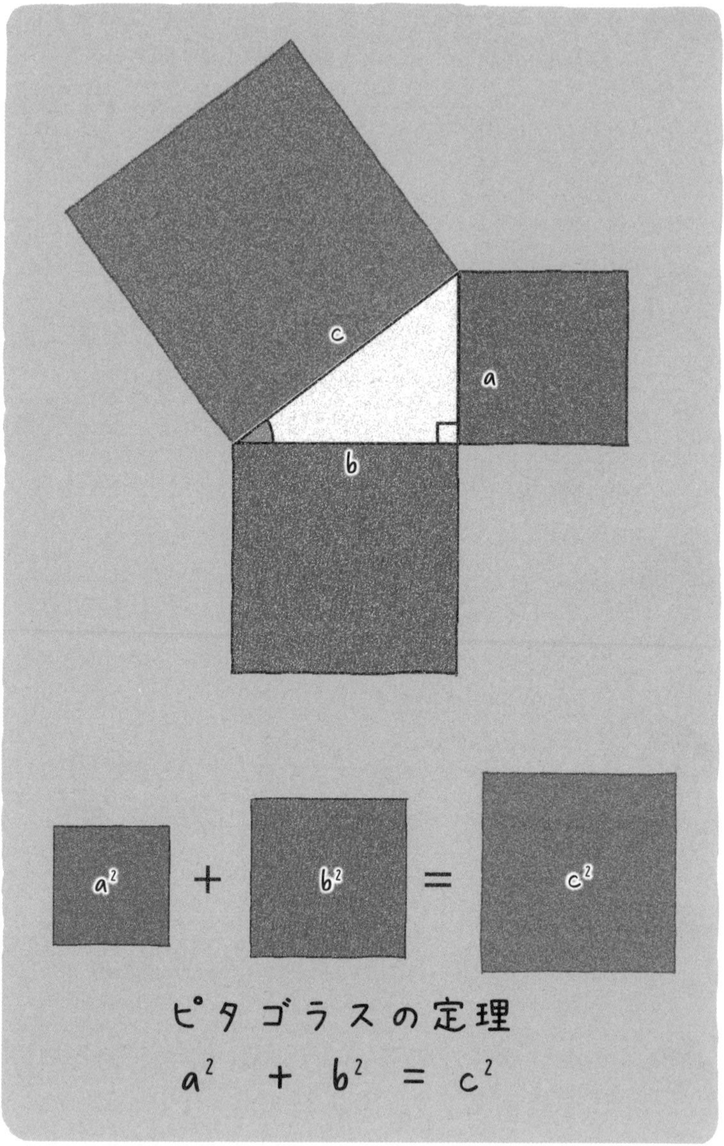

あぁ，これだ！　思いだした！
図形問題，苦手だったから，ピタゴラスの定理を使った問題，キライだったな～。

思いだしましたか。
では，次のような三角形の辺cの長さをピタゴラスの定理で求めてください。

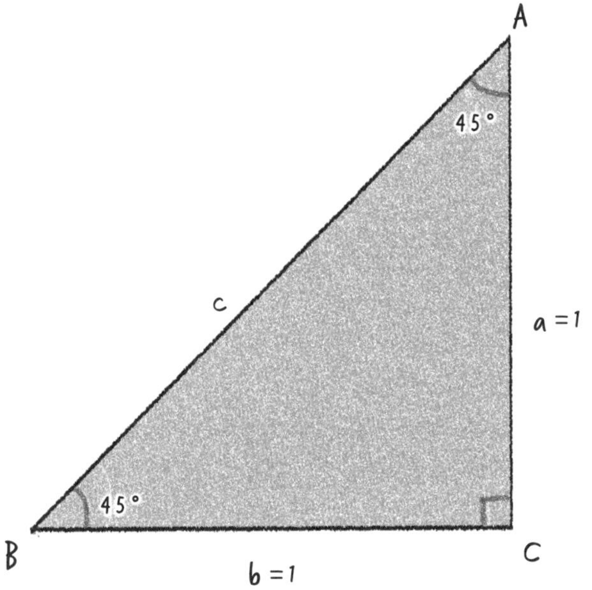

これなら私にも解けそうです。
ピタゴラスの定理に代入してみます。

$$c^2 = a^2 + b^2$$
$$c^2 = 1 + 1$$
$$c^2 = 2$$

えーっと……。

$c^2=2$ということは，cは2乗したら2になる数です。つまり$c=\pm\sqrt{2}$です。
このうち，三角形の辺の長さは正の数なので，答は$c=\sqrt{2}$です。

るーと2……。

$\sqrt{2}$

ピタゴラスの定理から，先ほどの三角形の斜辺の長さは$\sqrt{2}$と導かれます。
この$\sqrt{2}$こそ，分数であらわせない数，すなわち有理数でない数なのです。
このことを発見したのはピタゴラスの弟子，ヒッパソスといわれています。
ピタゴラスはヒッパソスの発見がもれるのを防ぐために，ヒッパソスを処刑してしまったという言い伝えがあります。

しょ，処刑!?

ピタゴラスは，それほどまでに有理数以外に数は存在しないと強く信じていたのか。
過激すぎる……。

$\sqrt{2}$を小数であらわすと，1.41421356……と小数点以下が無限につづきます。

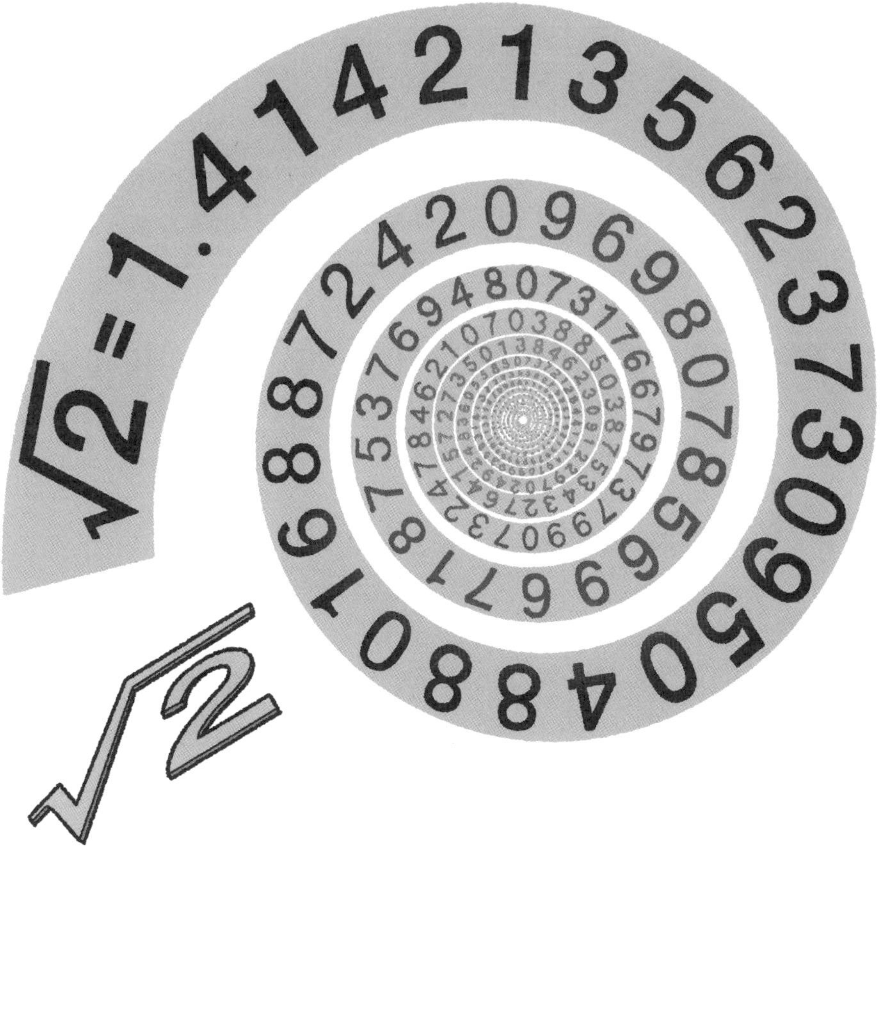
√2=1.41421356237309504880168872420969807856967187537694807317667973799073247846210703885038753432764157

先ほども紹介しましたが，小数点以下は循環しません。そして，**小数点以下が循環せずに無限につづく小数は，「分母と分子が整数の分数」であらわすことはできません。**
つまり，$\sqrt{2}$は有理数ではありません。このような数を**無理数**といいます。

無限につづく小数，ということでしたよね。……クラクラ～。ちなみに，$\sqrt{2}$のほかには，どのような数が無理数なんでしょうか？

$\sqrt{3}$（＝1.732……）や，$\sqrt{5}$（＝2.236……），**円周率**π（＝3.141……）などは，すべて無理数の仲間であり，決して自然数の分数であらわすことはできません。

無理数って何個くらいあるんですか？

それはもう，無数にあります。
有理数と無理数の“個数”をくらべると，無理数のほうが「圧倒的に，たくさん」あることが知られているんです。

古代メソポタミアの粘土板に刻まれた$\sqrt{2}$

古代ギリシアで問題となった$\sqrt{2}$ですが，それ以前に，すなわち，今からおよそ4000年前の古代メソポタミアの人々は，すでにそのおおよその値を知っていたらしいことがわかっています。

古代メソポタミアの粘土板「YBC7289」に，$\sqrt{2}$の値が刻まれているんです。

まったく解読できませんが。いったい何て書いてあるんですか？

粘土板には，正方形とその対角線がえがかれています。1辺の長さが1の正方形の対角線の長さは$\sqrt{2}$です。
粘土板の水平に引かれた対角線の上には，くさび形文字で，「1・24・51・10」という数が刻まれているんです。

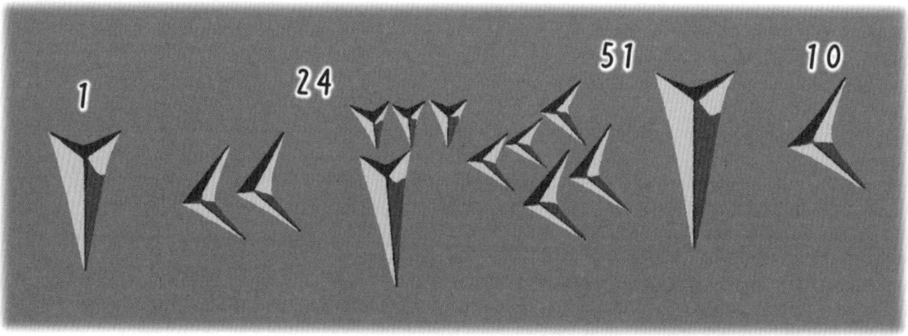

$\sqrt{2}$は，確か1.41……でしたよね。
全然ちがうじゃないですか。

古代メソポタミアでは**60進法**が使われていたので，この数を10進法に直せば「1.41421296296…」となります。

$$1+\frac{24}{60}+\frac{51}{60^2}+\frac{10}{60^3}$$
$$=1.41421296296\cdots\cdots$$

おぉーっ！

これは$\sqrt{2}$のきわめて正確な（小数点以下5けたまで正しい）近似値です。
さらに粘土板には，正方形の1辺の長さを30としたときの対角線の長さ（60進法で42・25・35，10進法に直せば42.4263888…）も刻まれているんですよ。

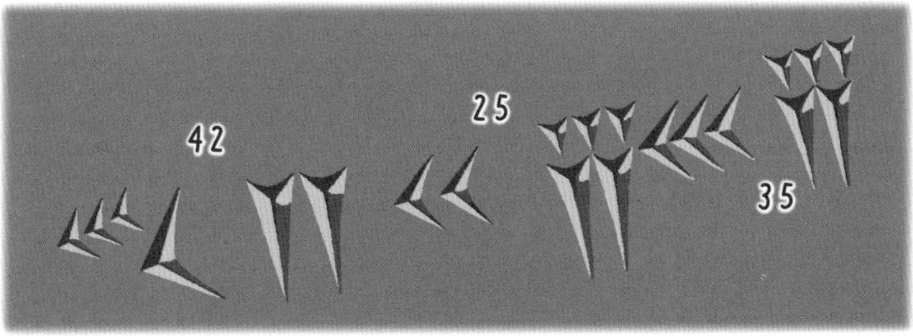

メソポタミア人，偉大すぎる！

ゼロは，なかなか受け入れられなかった

さて次に紹介する数は**ゼロ**です。

ゼロって，ものを数えるときには**必須**ですよね。
10なんかも0がないとあらわせないし。

そうですよね。
でもゼロが発見されてから数として認められるまでは，長い年月がかかりました。

意外ですね！
そもそもゼロはどのようにして生まれたのでしょうか？

ゼロは最初，「10」の1の位の0や，「101」の10の位の0のように，**その位に「何の数もない（空位）」ということをあらわすための記号として登場しました（位取りのゼロ）。**このゼロを導入することで，1～9，そして「0」という，たった10個の記号（数字）だけで，どのような数もあらわすことができるようになったのです。

古代文明のゼロ記号と数字

最初は記号だったんですね。
このようなゼロはいつごろから使われているんですか？

古くはメソポタミア文明やマヤ文明などで使われていたことが知られています。ちなみに，マヤには**絵文字**で数字をあらわす方法が存在しました。ゼロには「**下あごに手をそえた顔**」のような記号などが使われていたようです。

メソポタミア文明やマヤ文明って……，めちゃくちゃ古くからあったんですね。

ええ。ただし，このときに使われていたゼロは，あくまで空位を示す「記号」であり，ゼロそのものに対する計算は行われなかったようです。

まだ一人前の数とはみなされていなかったんですね。
ゼロが記号ではなくて，ちゃんとした数になったのはいつなんでしょうか？

ゼロが，単に空位をあらわす記号としてではなく，数とみなされるようになったのは，6～7世紀のインドが発端とされています。
ゼロを数として認めるということは，ゼロそのものを計算の対象としてあつかうということです。つまり，「0＋4＝4」といった計算が可能になったのです。

メソポタミア文明やマヤ文明から，ずいぶん時間がかかりましたね。

そうですね。6世紀なかばの段階で，ゼロが数であるという認識がインドで生まれていたようです。

ふむふむ。
ゼロはインドで生まれて，それが世界中に広まっていったということでしょうか？

その通りです。
インドで生まれた数としてのゼロとその表記法は，その後，アラビアのイスラム文化圏を経由して，ヨーロッパ全域に広まりました（次のページのイラスト）。このゼロが，今日私たちがふだん何気なく使っているゼロなのです。

1234
567890
現代の算用数字
（アラビア数字）

古代インド（グプタ朝，4～6世紀）の数字。右下の点が0。左上が1で，あとは順に2，3…9。

人類はマイナスの数をなかなかイメージできなかった

さて，ゼロの次は**マイナス**です。
昔の人々は**負の数**を受け入れるのにも苦労したようです。

マイナスの数も，私たちにとっては，比較的考えやすい数のように思えますけどね。

ところが，**ほとんどの文明で，負の数は数としてあつかわれてこなかったんです。**
もともと数は，物を数えるために生みだされたものでした。私たちは1個のリンゴや3個のミカンはすぐにイメージすることができます。しかし,「マイナス1本のバナナ」や「マイナス3個のリンゴ」というのはイメージしづらいでしょう。

たしかに，マイナス1本のバナナなんて，あるのかないのか。まったく意味不明ですね。

古くからマイナスの数を使っていた数少ない例外が，中国文明です。

中国では算《さん》木《ぎ》とよばれる棒状の計算道具が用いられており，赤い棒は**正の数**，黒い棒は**負の数**をあらわしていました。

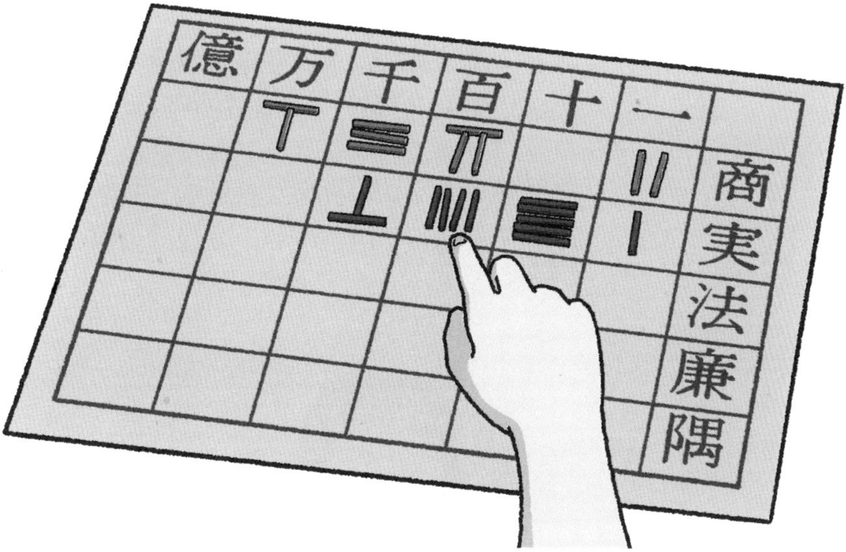

私たちは，マイナスが赤字，プラスは黒字ですけど，それとは逆なんですね。

そうですね。
しかし，中国でも，最終的な答として負の数が出てくることはなかったようです。

その後，**負の数を問題の答として認め，本格的な数として導入したのは，7世紀ごろのインドでした。**

またインド！
ゼロにつづいて，超優秀ですね！

インドでは，**負債**をあらわすときに負の数を使用していたようです。
さらに，**インドで発明された負の数は，ゼロの概念とともにアラビア経由でヨーロッパへと伝えられました。**
しかしヨーロッパでは，負の数はなかなか認められませんでした。17世紀フランスの偉大な哲学者・数学者，**ルネ・デカルト**（1596～1650）も，方程式の負の解を**偽の解**とよんで，正の解と区別していました。

ルネ・デカルト
（1596～1650）

17世紀になっても，負の数は十分に受け入れられてなかったんですね。
今の私たちはなんの違和感もなく使っているのに。

負の数は，数直線上で0をこえたところにある，と考えるとイメージしやすいですね。たとえば温度計で，1℃からさらに5℃気温が下がると－4℃になることは自然にイメージできるでしょう。

このように，数直線を使って負の数を絵にえがいて示せるようになったことで，その考え方が徐々に広まっていったのです。

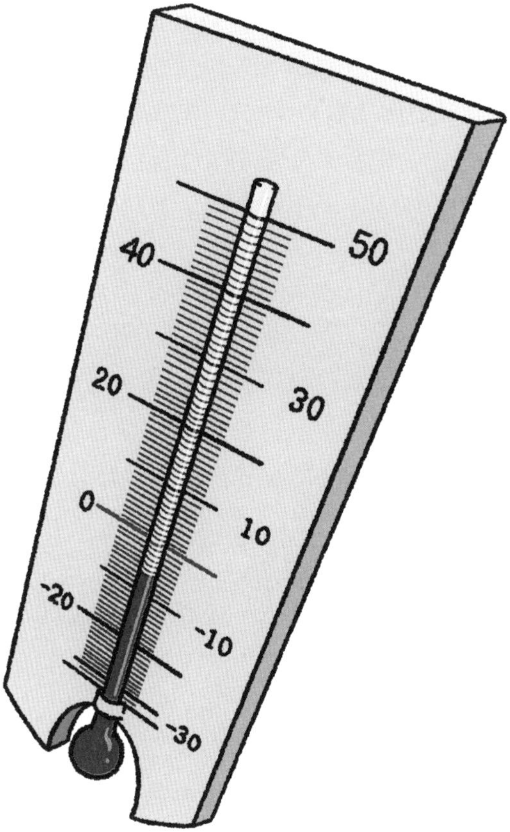

数の探求の旅を数直線で見てみよう！

こうして，マイナスの数も受け入れられたことで，虚数以前の数が出そろいました。

人類は長い年月をかけて，数を探求してきたんですねぇ。

そうですね。ここで，それらの数を数直線であらわしながら整理してみましょう。
まず，ものの個数を数えるために生まれた**自然数**です。
そして**ゼロ**。
0や自然数にマイナスの符号をつけた数を，自然数に合わせた数全体を**整数**といいます。
さらに，整数と分数をあわせたものが**有理数**です。

分数は整数と整数の間にあるのですね。

はい。本当は，分数と分数の間にはつねに別の分数が存在しますが，この数直線では便宜上，小さな点の集まりとして分数のならびをあらわしました。

それから**無理数**。
ピタゴラスが，その存在を発見した弟子を処刑したという……。

はい。分数であらわすことができない数のことですね。
こうして，数直線は，無理数の発見によって，はじめて完全に埋めつくされたと考えることができるのです。

自然数

ゼロ

負の数（負の整数）

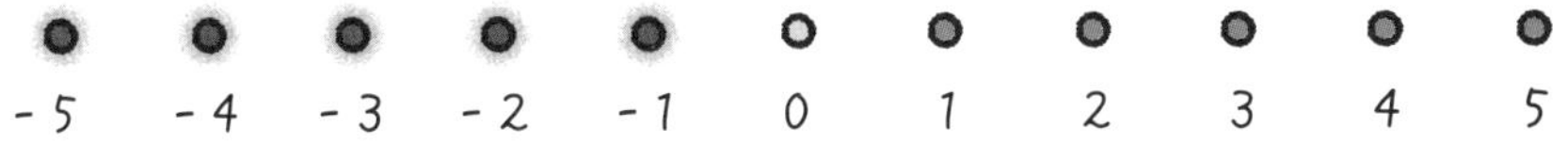

有理数

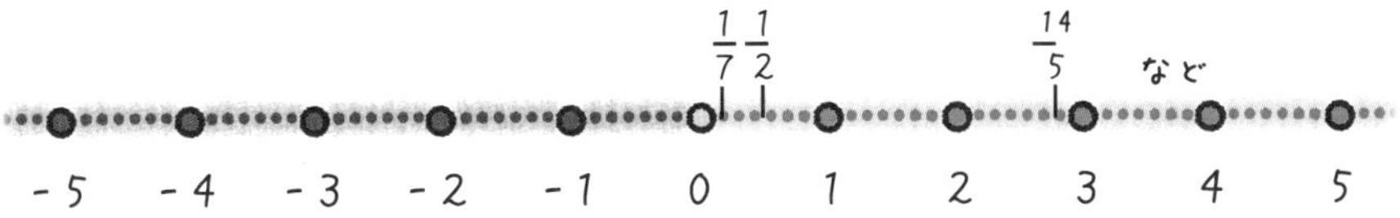

無理数

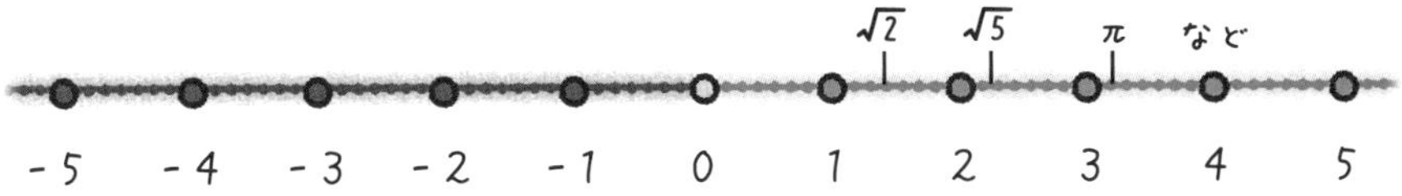

これらの数をすべて含めたもの，つまり「有理数」と「無理数」を合わせたものを**実数**といいます。
この実数が，私たちが普段使っている「普通の数」です。

数直線はすきまなく，**実数で埋め尽くされる。**

そうです。どんな実数でも，この数直線上のどこかにあるのです。
しかし人類は，この**数直線の外にある数**を見つけ出したんです。
それこそが，この本のテーマである**虚数**です。

イメージがまったく浮かびませんけれども。

大丈夫です。当時の人々も虚数をイメージできなかったため，受け入れられるのにずいぶん時間がかかりました。
虚数とはどんなものなのか，次のSTEP2でじっくり見ていきましょう！

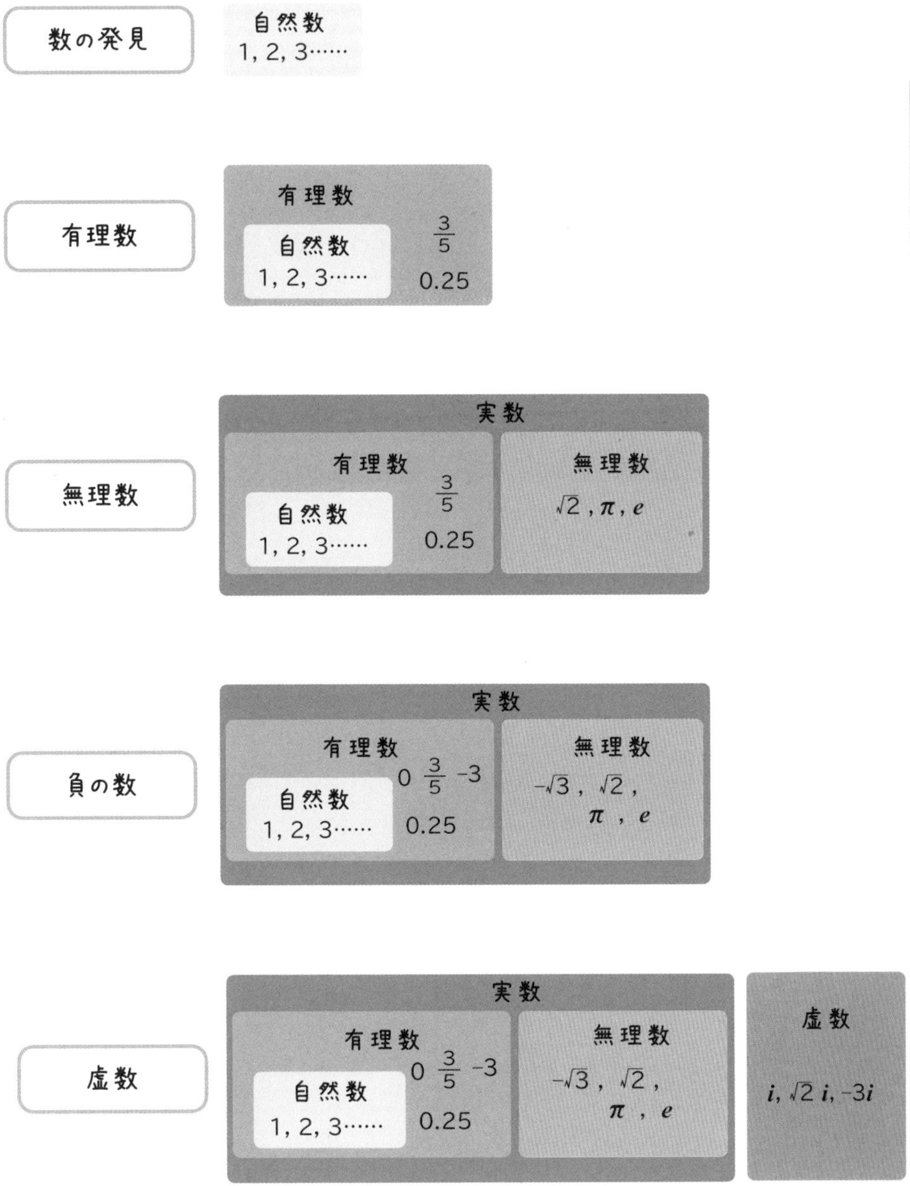
数の発見
自然数
1, 2, 3……
有理数
有理数
自然数
1, 2, 3……
3/5
0.25
無理数
実数
有理数
自然数
1, 2, 3……
3/5
0.25
無理数
√2, π, e
負の数
実数
有理数
0 3/5 -3
自然数
1, 2, 3……
0.25
無理数
-√3, √2, π, e
虚数
実数
有理数
0 3/5 -3
自然数
1, 2, 3……
0.25
無理数
-√3, √2, π, e
虚数
i, √2 i, -3i

STEP 2

虚数の誕生

虚数がはじめて登場したのは，16 世紀イタリアの数学者，ジローラモ・カルダノが著した『アルス・マグナ』でした。カルダノはどのようにして虚数にたどりついたのでしょうか。

4000年の歴史をもつ2次方程式

では，いよいよ**虚数の誕生**にせまっていきましょう。

はいっ！　実数以外の数，つまり数直線の外にあるという，虚数ですね！

0時間目でも紹介しましたが，虚数がはじめて登場したのは，1545年にイタリアの数学者**ジローラモ・カルダノ**が著した**『アルス・マグナ』**という本です。
この本に紹介された問題をもう一度確認しておきましょう。

二つの数がある。これらを足すと10になり，かけると40になる。二つの数は，それぞれいくつか？

$$A + B = 10$$
$$A \times B = 40$$

この問題は，前にも述べた通り，$25 - x^2 = 40$ という**2次方程式**であらわすことができます。
ちょっと脇道にそれますが，ここで，2次方程式とは何かを紹介しておきましょう。
2次方程式は，虚数の誕生に欠かせないものですから。

はい！

2次方程式とは，移項をしたり，同類項をまとめたりして，$ax^2 + bx + c = 0\ (a \neq 0)$ の形に変形できる方程式のことです。

うーん？ $25 - x^2 = 40$ は，だいぶちがう形をしていますけど。

この式も移項をすると，
$25 - x^2 = 40$
$-x^2 - 15 = 0$
と変形できます。これは $ax^2 + bx + c = 0$ の式で考えると，$a = -1$，$b = 0$，$c = -15$ ということですね。

なるほど。

このような2次方程式の歴史は，実は非常に古いんです。なんと今から約4000年前といわれている**古代メソポタミア文明の粘土版「BM13901」**に，いくつかの2次方程式の問題が書かれているんです。
BM13901に記されていたのは次のような問題です。

正方形の面積から，その1辺の長さを引いたら870であった。その正方形の1辺の長さを求めよ。

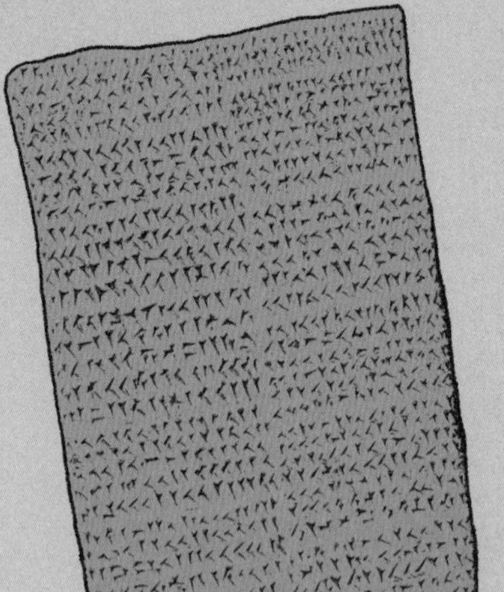

4000年も前に2次方程式が!?

古代文明の人たちはいろんな数学の問題を考えていて，すごいですね～！
でも，なんだか**なぞなぞ**みたい。
なぜこれが2次方程式の問題になるんでしょうか？

この問題を現代風に書けば，1辺の長さをxとすると**「方程式 $x^2-x=870$ を解け」**となります。

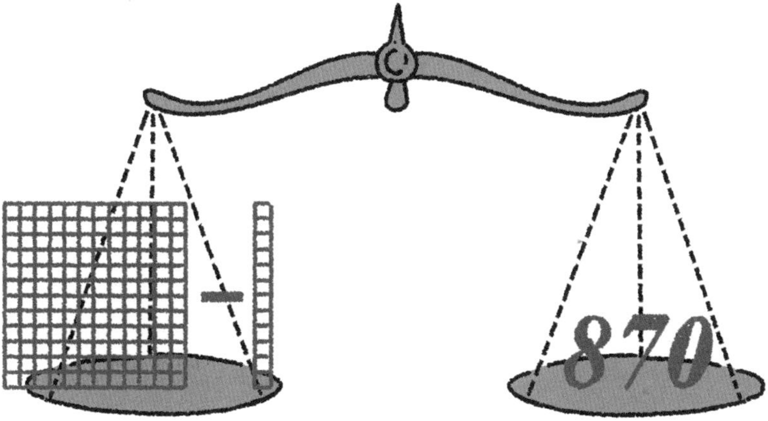

$$x^2 \quad -x \quad = \quad 870$$

そして，約4000年前のメソポタミア人は，この問題の解き方を知っていました。

解き方を知っていた～!?

はい。それは私たちが数学の時間に習う「**2次方程式の解の公式**」と，本質的に同じ計算方法を使うものです。

にじほうていしきのかいの公式？
うーん，習ったのかな。もう忘却の彼方です。

$ax^2+bx+c=0$という2次方程式の解の公式は，次のようなものです。
中学校か高校の数学で習ったはずです。

ポイント！

2次方程式の解の公式

$$x = \frac{-b \pm \sqrt{b^2 - 4ac}}{2a}$$

な，なかなか複雑ですね。
この公式で解くと，答はどうなるんでしょうか？

まず，$x^2 - x = 870$ を $ax^2 + bx + c = 0$ の形にします。
すると，$x^2 - x - 870 = 0$ となります。
あとは，2次方程式の解の公式に，$a = 1$，$b = -1$，$c = -870$ を代入するだけです。

$$x = \frac{-b \pm \sqrt{b^2 - 4ac}}{2a} \text{……2次方程式の解の公式}$$

$$= \frac{-(-1) \pm \sqrt{(-1)^2 - 4 \times (1) \times (-870)}}{2 \times (1)}$$

$$= \frac{1 \pm \sqrt{3481}}{2} = \frac{1 \pm 59}{2} = 30,\ -29$$

x＝30，－29を得ることができました。
BM13901に記されていたのは，1辺の長さを求めよ，という問題だったので，答は正の数になるはずです。
よって，問題の答は**30**と求められます。

なるほど。解の公式にあてはめるだけで答が出せるんですね。メソポタミア人もこの解の公式を使っていたわけですか？

いいえ，この公式をそのまま使っていたわけではありません。
ただ，本質的には，メソポタミア人はこの公式と同じ計算方法を使っていたんです。

メソポタミア人，すごいな！

2乗してマイナスになる数があれば，カルダノの問題に答が出せる！

マイナスの数まで考えると，実数の四則演算（足し算・引き算・かけ算・割り算）の答は，必ず実数の範囲で見つかります。
しかし，x^2が登場する2次方程式の中には，なんと実数だけでは計算不能に陥り，答が出せないものがあるんです。

答が出せない？

はい。それが，まさにカルダノの問題**「足して10，かけて40になる二つの数は何か？」**です。
先にお話ししたように，この問題は，$25 - x^2 = 40$という2次方程式としてあらわせます。しかし，実数の中には，この2次方程式の答（解）はないのです。

$$25 - x^2 = 40$$

$$x^2 = -15$$

2乗してマイナスになる実数は存在しない

↓

この問題の答は，実数の中にない

実数の答がある2次方程式と，実数の答がない2次方程式!? そんなのわかんないです！ 見分けもつかないし！

大丈夫。
見分ける方法があるんですよ。それが**判別式**とよばれるものです。
ここではしっかり覚えておく必要はありませんが，簡単に紹介しておきましょう。

2次方程式の判別式

2次方程式 $ax^2+bx+c=0$ の判別式Dは，

$$D=b^2-4ac$$

- $D>0$ のとき　実数の解は2個
- $D=0$ のとき　実数の解は1個
- $D<0$ のとき　実数の解はなし

判別式Dを計算すれば，その正負から，実数の解があるのかないのか判断できるんです。
たとえば，$x^2-x-5=0$ という2次方程式の場合，判別式D＝21となり0より大きいです。そのため，二つの実数の解をもっているはずです。
一方，$x^2-x+5=0$ という2次方程式の場合，判別式D＝－19で0より小さいです。そのため，この2次方程式には実数の解はありません。

なるほど。し，しかし……，

まぁ，ともかく**2次方程式の中には，実数の答がないものがあることだけを覚えておいてください。**
メソポタミア人は，そのような答のない方程式を取りあつかうことはなかったようです。

ふむふむ。
そして，このカルダノの問題も，答のない方の2次方程式だと。

ところが！

カルダノはこの，実数の答のない2次方程式に，答を出す方法を考え出したのです！
『アルス・マグナ』の中の「足して10，かけて40になる二つの数は何か？」という問題に，カルダノは次のページのような計算で答を出しました。

カルダノの解き方

問題

足して 10，かけて 40 になる二つの数を求めよ

解き方

「5 より x だけ大きな数」と「5 より x だけ小さな数」の組み合わせで，かけて 40 になる数を探す。二つの数を $(5+x)$，$(5-x)$ と置けば，

$$(5+x)\times(5-x)=40$$

中学校で習う公式 $(a+b)\times(a-b)=a^2-b^2$ を使って左辺を変形すると，

$$5^2-x^2=40$$

$5^2=25$ なので

$$25-x^2=40$$

移項すると

$$x^2=-15$$

x は「2 乗して -15 になる数」となります。カルダノは「2 乗して -15 になる数」を今の記号で「$\sqrt{-15}$」と書きました。そして，「5 より x だけ大きな数」と「5 より x だけ小さい数」の組み合わせである，「$5+\sqrt{-15}$」と「$5-\sqrt{-15}$」を，問題の答として本に記しました。

答

二つの数は，

$$5+\sqrt{-15} \text{ と } 5-\sqrt{-15}$$

この答は『アルス・マグナ』には当時の記号で次のように書かれています。

5 P:Rm:15

5 m:Rm:15

カルダノは，$\sqrt{-15}$という数を使って，この問題の答を今の記号で$5+\sqrt{-15}$と$5-\sqrt{-15}$だと書いたのです。

$\sqrt{-15}$？
これは，どういう数なのでしょうか？

2乗すると，－15になる数です。
すなわち$\sqrt{-15}\times\sqrt{-15}=-15$です。

2乗するとマイナス～？
あっ，もしかして……。

そうです。
この$\sqrt{-15}$のような，2乗するとマイナスになる数。これこそ，**虚数なのです！**

$$\sqrt{-15}$$

こ，これが虚数……。

このようにして，虚数を持ちだせば，答のない問題にも答が出せることを，カルダノははじめて示したんです。

メソポタミア文明から3500年以上もあとの16世紀に，答のない2次方程式に答を出す方法を考えだした数学者，それが**カルダノ**なのです。

カルダノさんすごいなぁ。

でも，こんなありえない数，何かの役に立つんですか？

実はカルダノ自身も次のように書いています。

「数学をここまで精密化しても実用上の使い道はない」。

使い道はない!?

でも，そんなことはありません！

現在，最先端の物理学から私たちの身近なところまで，現代社会において，虚数は**欠かせないもの**となっています。

詳しくは，3時間目でお話ししますね。

解の公式を使って，カルダノの問題を解いてみよう！

さて，せっかく先ほど2次方程式の解の公式を紹介したので，カルダノの問題を，**解の公式**を使って解いてみましょう。

あの複雑な公式ですね。
どのように考えればいいんでしょうか。

カルダノの問題は，「足して10，かけて40になる二つの数を求めよ」というものでした。まず，二つの解をx，yとしてこの問題を式で書いてみます。

$$x+y=10 \quad \cdots\cdots ①$$

$$x\times y=40 \quad \cdots\cdots ②$$

文字が二つで，式も二つ！
全然，2次方程式になってませんよ！
こんな複雑なの解けないっす！

まぁまぁ。
まずは，xとyの，二つの未知の数があると解けないので，②のyを消して，式を一つにまとめましょう。

そのためには，まず，**①を $y = 10 - x$ に変形して，②に代入すればいいんです。**

$x + y = 10$ ……①

$x \times y = 40$ ……②

未知の数が二つあると解けないので，②の式から y を消します。①を変形した $y = 10 - x$ を②に代入すれば，y が消えて，x だけの2次方程式になります。

$x + y = 10$ ……①

↓

$y = 10 - x$

②の式に代入

$$x \times (10 - x) = 40$$

お，式が一つになった！

はい。そして，**2次方程式の解の公式が使えるように，「$ax^2 + bx + c = 0$」の形になおします。**

$$x \times (10 - x) = 40$$

$$x \times 10 - x \times x = 40$$

$$-x^2 + 10x - 40 = 0$$

あとは，2次方程式の解の公式を使うだけです。
$a = -1$，$b = 10$，$c = -40$ということです。

$$x = \frac{-b \pm \sqrt{b^2 - 4ac}}{2a}$$

$a = -1$，$b = 10$，$c = -40$ を代入すると

$$= \frac{-10 \pm \sqrt{10^2 - 4 \times (-1) \times (-40)}}{2 \times (-1)}$$

$$= \frac{-10 \pm \sqrt{100 - 160}}{-2} = \frac{-10 \pm \sqrt{-60}}{-2}$$

$x=\dfrac{-10\pm\sqrt{-60}}{-2}$ とわかりました。

ここまででも構わないのですが，少しだけ補足です。

$\sqrt{-60}=\sqrt{2^2\times(-15)}=\sqrt{2^2}\times\sqrt{-15}$ と考えると，

$\sqrt{-60}=2\times\sqrt{-15}$ となります。ここから，$x=5\pm\sqrt{-15}$ ともできます。

さて，これを使って最後に，y の値を考えます。これからやる計算は2時間目であらためて説明しますよ。

$y=10-x$ なので，ここに x を代入しましょう。

$x=5+\sqrt{-15}$ のとき，

$$y=10-x=10-(5+\sqrt{-15})$$
$$=5-\sqrt{-15}$$

$x=5-\sqrt{-15}$ のとき，

$$y=10-x=10-(5-\sqrt{-15})$$
$$=5+\sqrt{-15}$$

はい！

というわけで，やっぱり，二つの数 x と y は，

$5+\sqrt{-15}$ と $5-\sqrt{-15}$ になりました。

計算ややこしい〜。

でも本当に，この二つの数は，足して10，かけて40になりますか？

確認してみましょうか。
まずは足して10の確認です。

足して10になるか？

$$(5+\sqrt{-15})+(5-\sqrt{-15})$$
$$=5+5+\sqrt{-15}-\sqrt{-15}$$
$$=10$$

確かに10です！

次に，かけて40になるか？　です。

ドキドキ。

かけて 40 になるか？

$$(5+\sqrt{-15}) \times (5-\sqrt{-15})$$

$$= 5^2 - (\sqrt{-15})^2$$

$$= 25 - (-15)$$

$$= 40$$

やっぱり40になった！

はい，というわけで，この二つがカルダノの問題の答だということが確かめられましたね！

やった〜！
カルダノさん，すごいなぁ。

16世紀の「数学試合」

カルダノは，虚数を使えば，それまで解がないとされてきた2次方程式にも答が出せることを『アルス・マグナ』の中ではじめて示したわけですが，実はこの本には，ある**興味深〜いエピソード**があるんです。

えっ！　気になる〜！

カルダノの時代の数学者たちは，公開の場でたがいに問題を出し合って優劣を決める「**数学試合**」を盛んに行っていました。

す，すごいゲームですね。

そんな中，カルダノと同時代のイタリアの数学者**ニコロ・フォンタナ**（別名タルタリア，1499～1557）は，数学試合の場で，以下のような問題を出題されました。

ニコロ・フォンタナ
（1499～1557）

問題

商人がサファイアを500ダカットで売った。もうけ値のちょうど3乗が仕入れ値に等しかったという。もうけはいくらか？

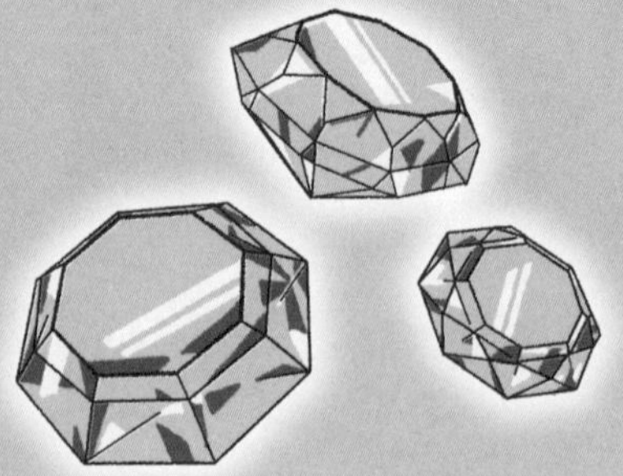

ぐぬぬぬ。
一つずつ数をあてはめる以外に，解き方が思い浮かばない。

もうけ値をxと置くと，仕入れ値は，500－xです。
ここから，次のような方程式をつくることができます。

もうけ値をxと置くと，仕入れ値は500－xなので

$$x^3 = 500 - x$$

このように，未知の数の3乗が登場する方程式を**3次方程式**といいます。

うーむ，むずかしそう……。
これも2次方程式のように一発で答を出す公式があるんですか？

はい。
フォンタナは次ページのような**3次方程式の解の公式**を自力で編みだして，それを使って問題を解き，数学試合に勝利したのです。

解の公式を自力で編みだす！
フォンタナさん，す，すごいな～！

フォンタナが発見した「3次方程式の解の公式」

3次方程式 $x^3 + px + q = 0$

の解は，以下の式で求められます。

$$x = \sqrt[3]{-\frac{q}{2} + \sqrt{\left(\frac{q}{2}\right)^2 + \left(\frac{p}{3}\right)^3}} + \sqrt[3]{-\frac{q}{2} - \sqrt{\left(\frac{q}{2}\right)^2 + \left(\frac{p}{3}\right)^3}}$$

ここで，$\sqrt[3]{a}$ は3乗して a となる三つの数をあらわしますが，くわしくはふれません。

でも，これがカルダノの『アルス・マグナ』とどう関係があるんでしょうか？

フォンタナはこの式をだれにも教えようとしませんでした。
しかし，カルダノがこの公式を教えてくれるよう，しつこくせがんだんです。
そうして，1539年，だれにもいわないことを条件に，ついに公式を導く手順を暗号のように書いたものを，カルダノに教えたのです。

まさか……。ゴクリ。

そう，カルダノは，秘密にすると約束したはずの3次方程式の解の公式を，堂々と『アルス・マグナ』に掲載したんです。

うわぁ，約束破った！
フォンタナさんは激怒したでしょうね。

ええ，それはもう。
そして，フォンタナが発見したはずの3次方程式の解の公式は，今では**カルダノの公式**とよばれています……。

ひどい！

はい……。
さて，この3次方程式の解の公式ですが，これも**虚数**と深く結びついているんですよ。

やっぱり虚数！

カルダノの公式を使うと，問題（方程式）によっては，虚数が登場してしまうのです。
たとえば，3次方程式$x^3-15x-4=0$の解は，カルダノの公式を使うと，$x=\sqrt[3]{2+\sqrt{-121}}+\sqrt[3]{2-\sqrt{-121}}$となり，$\sqrt{-121}$，つまり虚数があらわれてしまいます。

3次方程式でも，虚数があらわれることがあるんですね。

でも実は，この3次方程式は，4，$-2+\sqrt{3}$，$-2-\sqrt{3}$という，3個の実数の解をもちます。
それにもかかわらず，カルダノの公式を使うと虚数があらわれてしまい，計算が立ち行かなくなってしまうのです。

実数の答を求めるときに，計算の途中で，虚数があらわれてしまうんですか。

はい。
そこで，カルダノの公式にあらわれる「負の平方根」をさらに研究したのが，イタリアの数学者ラファエル・ボンベリ（1526～1572）です。
ここでは細かい計算の説明は省きますが，ボンベリは，解に含まれる虚数が，場合によってはきれいに消えさり，実数だけの解に直せることを示しました。3次方程式の実数の解を考えるうえでも，虚数の計算が不可欠だったわけです。

3次方程式では，虚数の計算を利用することで，実数の解にたどりつける場合があるんですね。

虚数はなかなか受け入れられなかった

カルダノやフォンタナ，ボンベリたちの研究で，虚数が広まっていったわけですね。

いえ，それが，虚数はすぐに数学者たちに受け入れられたわけではありませんでした。
フランスの哲学者で数学者だったルネ・デカルトは，2乗してマイナスになるような大きさを含む数を「想像上の数」とよびました。

「想像上の数」は英語で「imaginary number」といい，これらの単語が，虚数の語源となったのです。

デカルトは虚数に否定的だったようなのに，デカルトがつけた名前が虚数の語源になるなんて，なんだか皮肉ですね。

そうですね。一方で，虚数の存在を肯定的にとらえようとする人たちもいました。その一人，イギリスの数学者，**ジョン・ウォリス**（1616～1703）は，面積の話をもちだして，虚数の存在を正当化しようとしました。

ルネ・デカルト
（1596～1650）

nombre imaginaire
imaginary number

ウォリスがもちだした話を，単位を無視してわかりやすく書き変えると次のようになります。
「ある人が1600だけの土地を得たが，その後に面積3200の土地を失った。全体として得た面積は－1600とあらわせる。この負の面積をもつ土地が正方形をしていたとすれば，その1辺の長さというものがあるはずである。40ではないし，－40でもない。1辺の長さは負の平方根，すなわち，$\sqrt{-1600}$である」。

ジョン・ウォリス
（1616～1703）

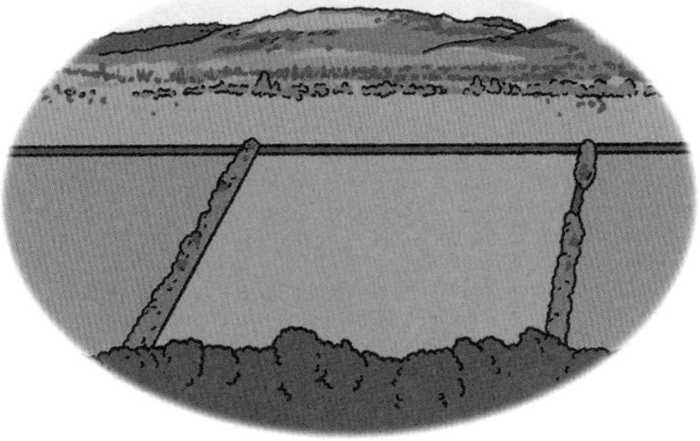

なんだか，無茶苦茶な話にも聞こえますが。

この話は強引であり，真《ま》に受けなくてもいいですが，虚数をどうにかして認めようとしたウォリスの努力をうかがい知ることができますね。

ひるむことなく虚数を探求したオイラー

虚数を肯定的にとらえた人物には，スイスの数学者，**レオンハルト・オイラー**（1707～1783）もいます。
オイラーは，虚数がもつ重要な性質を，天才的な計算能力で解き明かしていきました。
オイラーは，「2乗すると－1になる数」，すなわち$\sqrt{-1}$を**虚数単位**と定め，imaginaryの頭文字であるiという記号であらわしました。
この記号が，現在も使われている虚数単位iです。

これが「i」のはじまりか～！
オイラーが名付け親だったんですねぇ。

レオンハルト・オイラー
（1707～1783）

ところで，「$\boldsymbol{i}$」は，どんな風に使うんでしょうか？

まず，$\sqrt{-1}=i$ です。
そして，$i^2=-1$ です。
あとは普通の文字と同じように，四則演算を行うことができます。

iを使った計算については，この次の2時間目に詳しく説明しましょう。

2時間目，大丈夫かな……。

オイラーはさらに，長い研究の末，**「世界で一番美しい数式」**とよばれるものにたどりつきました。
オイラーの等式，$e^{i\pi}+1=0$です。

iが登場していますね。
それにeってなんだろう？
そもそもこの式はどういう式なんですか？

この式は，最も基本的な自然数「1」，インドで発見された「ゼロ」，円周率「$\pi=3.14\cdots\cdots$」，自然対数の底「$e=2.71\cdots\cdots$」という，**それぞれ別個の由来をもつ四つの重要な数を，「虚数単位i」を介して結びつけたものです。**

$$e^{i\pi}+1=0$$

ええ？　まったく関係がなさそうな数が，オイラーの等式によって関係づけられた，ということですか？

まさにその通りです。
この神秘的な数式については，3時間目でくわしく紹介します。
ノーベル物理学賞受賞者の**リチャード・ファインマン**は，この式を「人類の至宝」とよんだといわれています。

人類の至宝!!
すごいですね。3時間目が楽しみです！

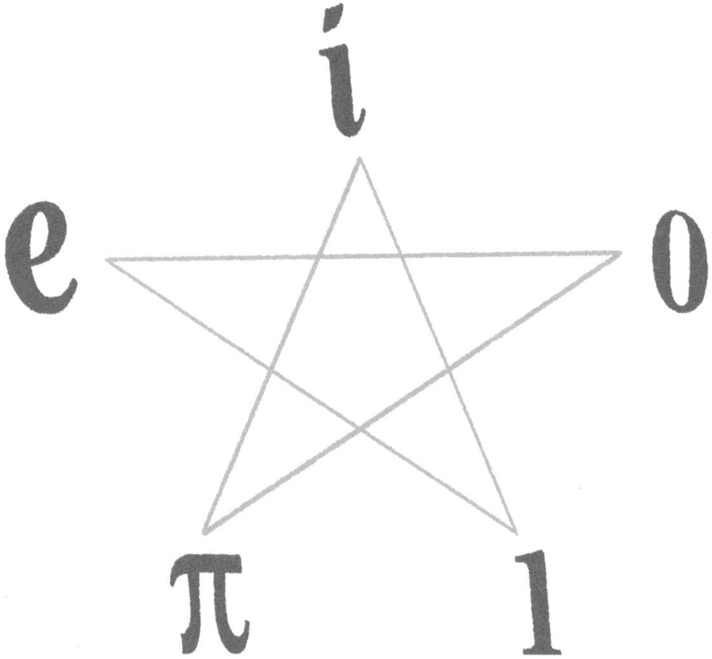

虚数を使った問題に挑戦！

さて，せっかくなので，この1時間目STEP2の最後におさらいをかねて，虚数が答にあらわれる2次方程式の問題に挑戦してみましょう！

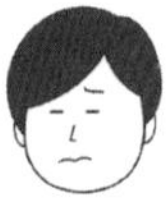

虚数が登場する問題!?
むずかしくないわけないですよね……。

きっと大丈夫！　じゃあいきますよ。

問題

二つのキャラクターを合成して新しいキャラクターをつくりだすスマホゲームがあります。合成前のキャラクターには，能力を示す数字がついており，その数字の足し算が，新しいキャラクターの攻撃力に，かけ算が防御力になります。

さて，二つのキャラクターを合成したところ，攻撃力が20で，防御力が120の新しいキャラクターができました。さて，二つのキャラクターの能力を示す数字は何と何だったのでしょうか？

どっひゃ～。
どう考えていいのかまったくわからない……。
ヒントください！

カルダノの問題と同じですよ。
二つのキャラクターの能力を示す数字をxとyと置いて，
2次方程式をつくってみてください。

うーん，二つの数字は足して20，かけて120だから，これを数式にしてみると……

二つの数を x と y と置く。

足して 20，かけて 120 になるので，

次のようにあらわせる。

$x+y=20$……①

$x \times y=120$……②

いいですね！
じゃあ①を使って，y を x であらわしてください。

うーんと……

$x+y=20$ であることから、

$$y=20-x$$

そうか！　このyを②の式に入れればいいんですね！

②に $y=20-x$ を代入

$$x\times(20-x)=120$$

$$x\times20-x\times x=120$$

$$-x^2+20x-120=0$$

できました！

いいですね。
ちゃんと問題を2次方程式の形であらわすことができましたね。
あとは解の公式を使うだけ！

よっしゃ～！

えーっと，$a=-1$，$b=20$，$c=-120$だから，これを代入してみます。

$-x^2+20x-120=0$ に対して，
2次方程式の解の公式を使う。

$$x=\frac{-b\pm\sqrt{b^2-4ac}}{2a}$$

$$=\frac{-20\pm\sqrt{20^2-4\times(-1)\times(-120)}}{2\times(-1)}$$

$$=\frac{-20\pm\sqrt{400-480}}{-2}=\frac{-20\pm\sqrt{-80}}{-2}$$

出ました！
$x=\dfrac{-20\pm\sqrt{-80}}{-2}$ です！

よくできました！
ここで少しだけ補足です。
$\sqrt{-80}=\sqrt{4^2\times(-5)}=\sqrt{4^2}\times\sqrt{-5}$ と考えると，
$\sqrt{-80}=4\times\sqrt{-5}$ となります。
ここから，$x=10\pm2\sqrt{-5}$ ともできます。
あとは，$x=10+2\sqrt{-5}$ のときと，$x=10-2\sqrt{-5}$ のときで，yの値を求めてみてください。

$y=20-x$だったので……

$x=10+2\sqrt{-5}$ のとき

$$y=20-(10+2\sqrt{-5})=10-2\sqrt{-5}$$

$x=10-2\sqrt{-5}$ のとき

$$y=20-(10-2\sqrt{-5})=10+2\sqrt{-5}$$

完璧です！

というわけで，二つの数字は，$10+2\sqrt{-5}$と$10-2\sqrt{-5}$です。

どっちも負の数の平方根が含まれているので，**虚数**ということですね。
しかし，キャラクターの能力が虚数っていったいどういうことなんですかね!?

偉人伝❶

虚数の概念を用いた，ジローラモ・カルダノ

虚数をはじめて導入したのは，イタリア出身の数学者，ジローラモ・カルダノ（1501 〜 1576）といわれています。また，ギャンブル好きが高じて『サイコロ遊びについて』という確率論に関する論文を書き，それが死後に出版されました。

カルダノは1501年，イタリアのパヴィアで生まれました。父親はミラノの有名な法律家でした。

カルダノはパドヴァ大学で学び，1526年に医師の免許をとりました。カルダノは医学だけでなく，天文学，数学などの広い分野の問題に興味をもち，占星術や賭博にも手を出していました。

サイコロの合計は7にかけるのが有利

カルダノの数学者としての業績で最も有名なのは，著書『アルス・マグナ』の中で，3次方程式の解の公式を紹介し，虚数の概念をはじめて導入したことです。また，カルダノは賭博が大好きであり，それに関係した『サイコロ遊びについて』を著しました。この本の中で，カルダノは次のような問題を取り上げています。「二つのサイコロを同時に投げて，出た目の和がいくつになるかを賭けるとする。目の和がいくつになるとかけるのが最も有利になるか」。

二つのサイコロの目はいずれも1，2，3，4，5，6のどれかになります。したがって，二つのサイコロの目の組み合わせは，全部で6×6の36通りです。この36通りの中で，サイコロの目の和が7となるパターン（6通り）が最も多くな

ることをカルダノは示しました。それによると，「目の和7にかけるのが最も有利」ということになります。

予言通りの日に死んだ

このように確率論で先駆的な業績を残したカルダノは，ギャンブル好きであったものの，「ギャンブルはもうからない」ということを自覚していたようです。その証拠に「ギャンブラーは，まったくギャンブルをしないことが最大の利益になる」という言葉を残しています。

カルダノは，自分の死期を予言して，その正しさを証明するために断食し，自身の予言通りの日に死んだと伝えられています。

2

時間目

虚数と複素数を計算してみよう！

STEP 1

虚数を数の平面であらわそう！

虚数はどんな“姿”をしているのでしょうか？　ここでは，虚数を視覚的にあらわす方法を紹介します。なかなか世間に認められなかった虚数は，視覚的にあらわすことで市民権を獲得しました。

マイナスの数は，数直線で可視化できる

虚数が，2回かけ合わせるとマイナスになる不思議な数だってことはわかりました。
でも，いまひとつ**イメージ**がつかめないんですよね。

そうでしょう。
実際にオイラーが虚数の重要性を示したあとも，虚数の存在を認めない者は多かったんです。
それは，プラスの数なら**個数**や**線の長さ**としてイメージできますが，虚数にはそれができないからだったのでしょう。

たしかに，虚数は視覚的にイメージできないので，受け入れるのがむずかしいのかも。

そうでしょう，そうでしょう！
というわけで，2時間目STEP1では，**虚数を視覚的にあらわす**ことを目標にしましょう。
1時間目に，虚数が誕生する前に，**マイナスの数**が長らく受け入れられなかったという話をしました。
この理由も，マイナスの数を視覚的にあらわすことがむずかしかったためだったんです。

たしかに，「－3個のリンゴ」とか「－1.2メートルの棒」とかをイメージすることはできませんもんね。
マイナスの数を可視化することはできるんですか？

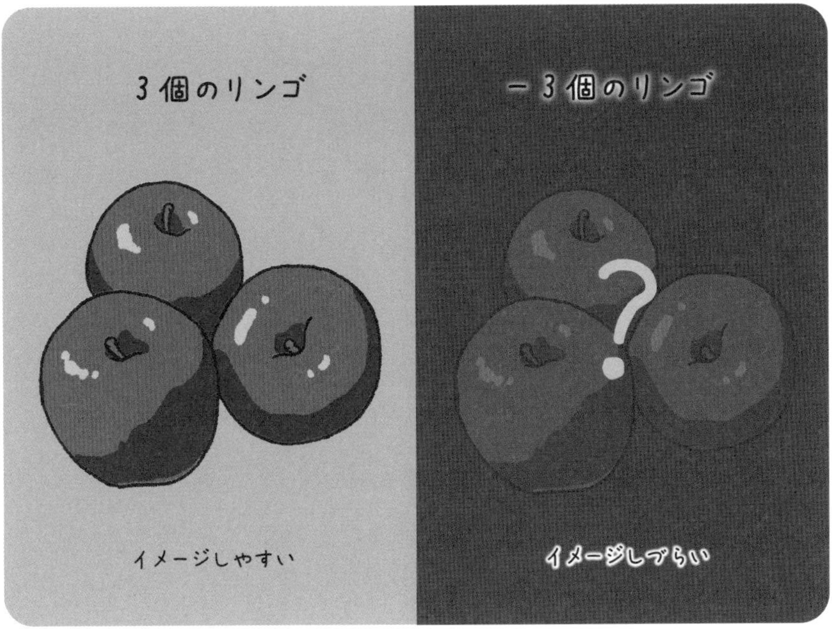

はい，ありますよ。というか，1時間目ですでに登場しています。フランスの数学者アルベール・ジラール（1595～1632）は，**負の数を後退，正の数を前進という運動によって説明しようとしました。**彼の考えは，下の図のように説明できるでしょう。

＋1なら長さ1の右向きの矢印，－1なら長さ1の左向きの矢印，ということですね。

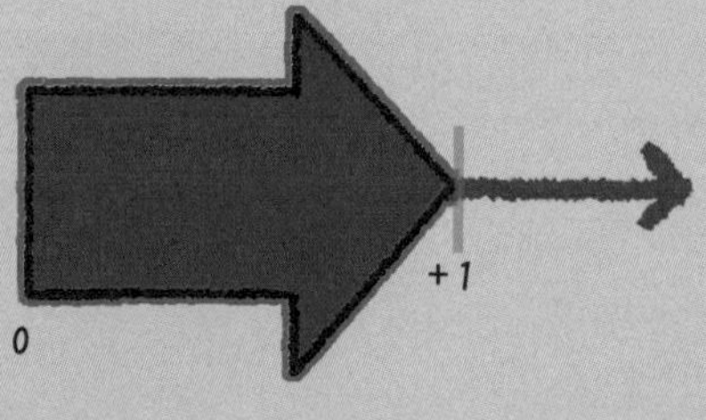

正の実数は，「右向きの矢印」

右向きに，適当な長さの矢印を一つえがく。この矢印を「+1」とし，プラスの数の単位と定めれば，これを基準にしてさまざまなプラスの数を図にえがくことができる。

その通りです。
これは，数直線の考えにつながります。前進，後退と関連づけることにより，マイナスの数が受け入れやすくなったともいえます。

視覚的にとらえることができて，ようやくマイナスの数が受け入れられたんですね。

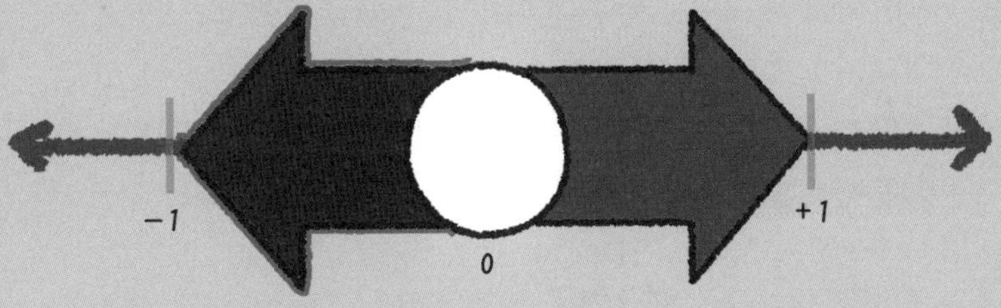

負の実数は，「左向きの矢印」

ゼロをあらわす点を置き，これを「原点」と定める。+1の矢印と逆向きの矢印を原点からのばす。この矢印を「−1」とし，マイナスの数の単位と定めれば，これを基準にしてさまざまなマイナスの数を図示できる。こうしてできる直線を「数直線」といい，すべての実数をあらわすことができる。

ヴェッセルは，虚数をあらわす方法をひらめいた

マイナスの数は実数であれば，数直線上にあらわせますけど，虚数はたしか数直線上にはあらわせないんじゃなかったですか？
虚数を視覚化することなんてできるんでしょうか？

実数であれば，マイナスの数も無理数も，どんな数でも数直線上にあらわすことができます。
しかし虚数は，数直線のどこにも居場所がないように思えます。

やっぱり，居場所はないんだ……。

そこで登場するのが，ノルウェーの測量技師，カスパー・ヴェッセル（1745～1818）です。ヴェッセルは，**数直線のどこにもない虚数を，直線ではなく平面上の点として考えました。**

平面上の点!?

通常，水平に置いた数直線で実数をあらわしますよね。**この実数の数直線に垂直な，もう一つの数直線を置きます。**すると，この二つの数直線で，虚数が図にえがけるようになるんですよ。

なるほど！ それならイメージしやすいですね。

＋1や－1の矢印と同じ長さをもち，原点から真上に向かう矢印をえがきます。これが *i* の矢印です。

あとは長さを変えることで，2***i*** や 3***i*** などさまざまな虚数をあらわせるようになります。

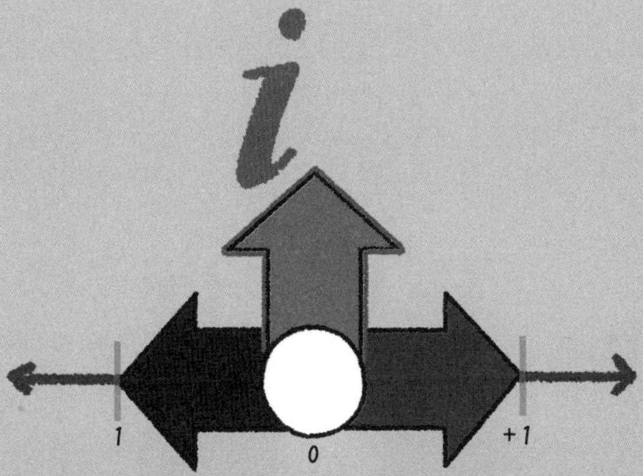

虚数は，数直線の「外」！

+1や−1の矢印と同じ長さをもち，原点から真上に向かう矢印をえがく。この矢印を虚数単位 i と定めれば，さまざまな虚数（2i，3iなど）を図にあらわすことができる。

じゃあ，$-i$は？

次のように，**原点から真下に向かう矢印**としてあらわせます。

ほぉ，iも$-i$も図にあらわすことができた！

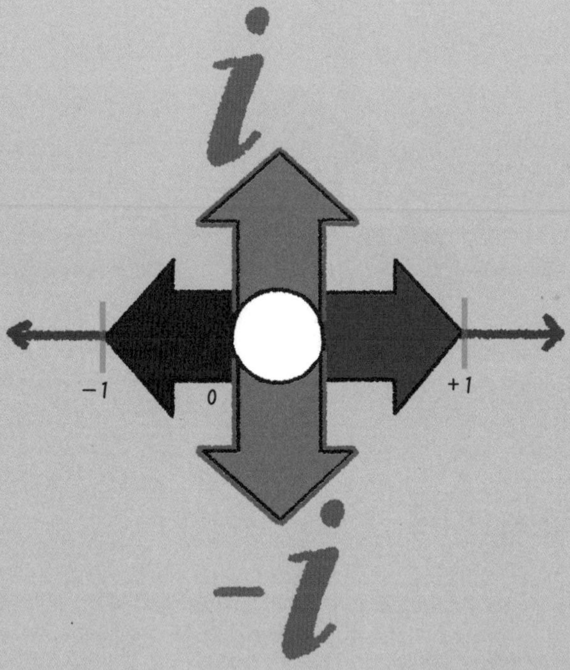

−iは，「下向きの矢印」

iの矢印と同じ長さをもち，原点から真下に向かう矢印をえがく。この矢印を「i」とすればすべての虚数を図にあらわすことができる。

実数と虚数が足し合わされた新しい数の概念が誕生

スイスのジャン・ロベール・アルガン（1768～1822）と，ドイツの数学者カール・フリードリヒ・ガウス（1777～1855）も，ヴェッセルとほぼ同じ時期に，虚数を図示するための同じアイデアに，それぞれ独自にたどりついていました。
彼らによって，虚数ははじめて目に見えるものとなり，ついに，**虚数に市民権**があたえられるようになったと考えられます。

カール・フリードリヒ・ガウス
（1777~1855）

可視化できるようになって，虚数はやっと世間に受け入れられるようになったんですね。

そうなんです。さらに，ガウスによって，**複素数**（ドイツ語でkomplexe Zahl）という新しい数の概念が確立したといえます。

ふくそすう？

はい。複素数は，**実数**と**虚数**という二つの要素が足し合わされてできる数です。

たとえば，実数である4に，虚数である$5i$（$=5\sqrt{-1}$）を足したものとして$4+5i$（$=4+5\sqrt{-1}$）を考えます。

この$4+5i$のような数を複素数というんです。

ちなみに，iがついていない4の部分を**実部**，iがついている5の部分を**虚部**といいます。

複素数

$$4+5i$$

実部　　　虚部

ふぅむ。実数と虚数を足し合わせたものが複素数か。またむずかしそうなものが出てきましたね……。

虚数と実数は図であらわすことができましたけど，両者を足し合わせた複素数も，視覚的にあらわすことはできるんでしょうか？

複素数も図であらわすことができますよ。

虚数が入っているので，実数だけの数直線では複素数をあらわすことはできません。

そこで，**実数の数直線を横軸にもち，横軸に直交する数直線を縦軸にもつ平面を使います。**この縦軸を**虚軸**，横軸を**実軸**といいます。

ふむふむ。

このような平面を使うと，「4＋5i」という複素数は，**実軸の座標が4で，虚軸の座標が5iとなる点**によってあらわすことができます。

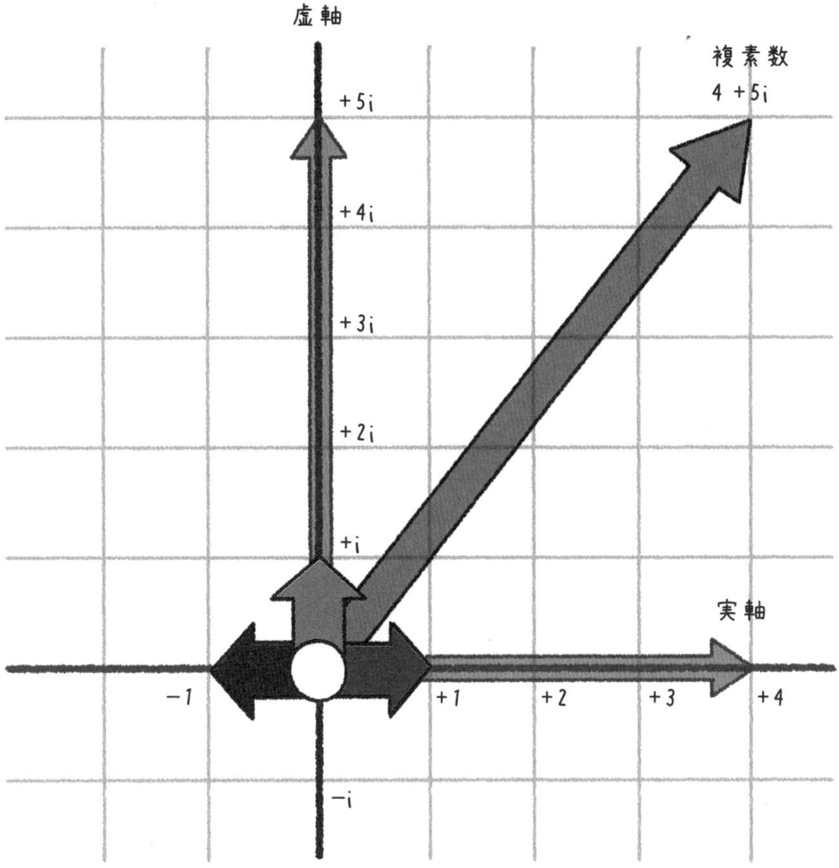

ところで，**このような矢印は平行移動しても同じものと考えます。**これはこのあとも常にそう考えていきますので，覚えておいてください。

はい。複素数のうち，**実部を横軸で，虚部を縦軸で指定するんですね！**
じゃあ，たとえば，$3 - 2i$だったらどのようにあらわされるんですか？

それは，原点から横軸に＋3，縦軸に－2なので次のようにあらわせます。

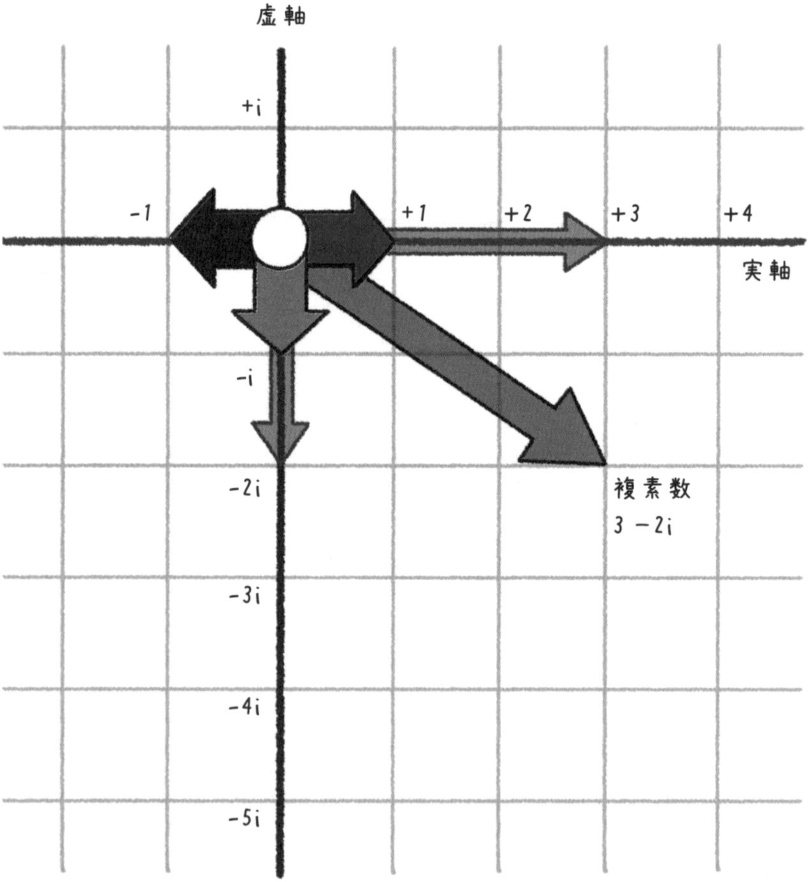

なるほど，この図を使えば，どんな複素数でもあらわせるわけか。

その通りです。
このような平面は**複素平面**，**複素数平面**，または**ガウス平面**などとよばれています。

複素数と虚数は何がちがう？

ところで，**虚数**と**複素数**ってちがうものなんですか？

そうですねえ。ちょっと言葉の使い方が曖昧だったので，ここで，虚数と複素数が何を指すのか，**用語**を確認しておきましょう。
まず，**複素数というのは $a + bi$ の形であらわせる数のことです（a，b は実数）。**
たとえば，先ほどの $4 + 5i$ は複素数です。

ふむふむ。

ポイント！

複素数

$a + bi$ であらわせる数のこと
（a，b は実数）

それじゃあ，**問題！**
5は複素数でしょうか？

えっ？　そりゃ$a+bi$の形になっていないので，複素数ではないでしょう。

残念。**5は複素数です。**
$a+bi$において$a=5$，$b=0$の場合が5ですから，5はちゃんとした複素数なんですよ。

5→複素数

$a+bi$において
$a=5$, $b=0$の場合なので複素数!

エエッ？　ということは……，
実数はすべて複素数ってことですか？

その通りです。「実数と複素数はちがう」と勘違いしがちですが，注意してください。
実数は複素数の一部なんです。

ふーむ。じゃあ，虚数は？

虚数は，$a+bi$であらわせる複素数のうち，$b\neq0$となる数，ということです。

虚数
$a+bi$
$(b\neq0)$

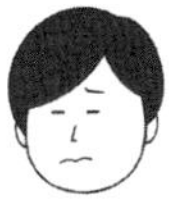

ど，どういうことでしょうか？

たとえば，$4+5i$は**複素数であり，さらに虚数でもあります。**
一方で，実数の5は，$a+bi$のbが0なので，虚数ではありません。**虚数といえば，iが登場する数と覚えておけばよいでしょう。**

5→虚数でない

$a+bi$において
$a=5, b=0$の場合なので虚数でない！

なるほど。実数だけのときは，当然虚数には入らないと。

そういうことです。また，特にbiと表せる数を**純虚数**といいます。ところで，$a+bi$を$a+ib$と書くこともありますが，これは同じことです。
これらをまとめると次のようになります。

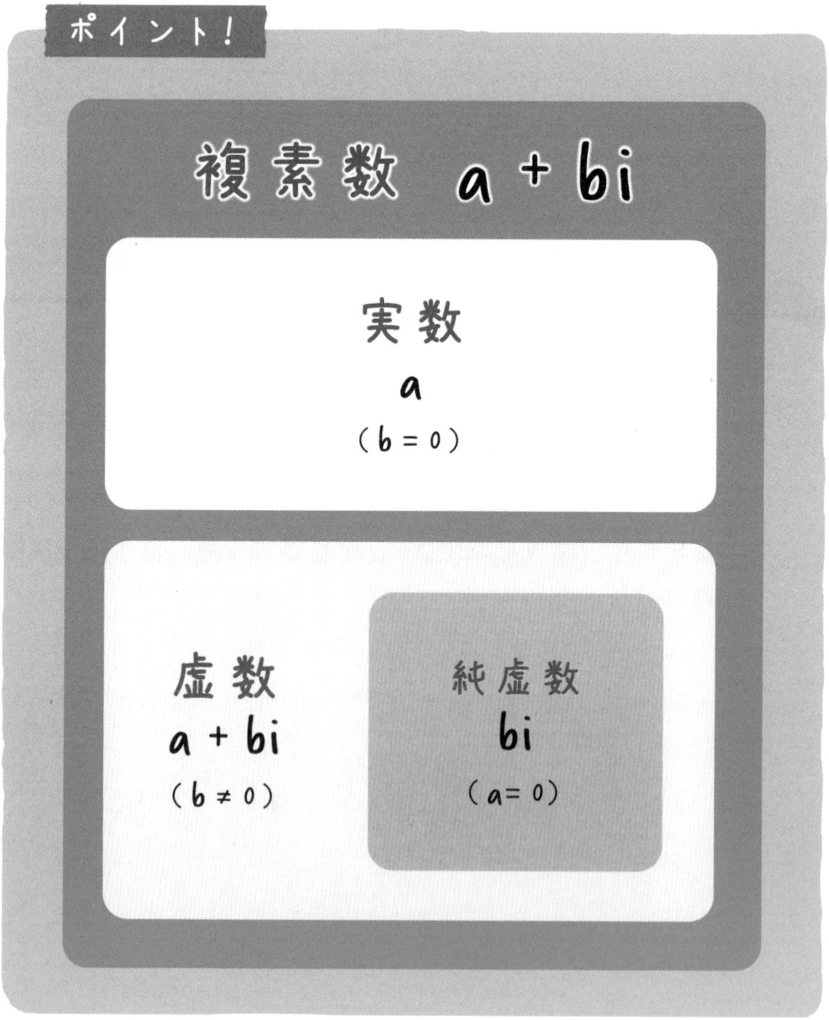

純虚数だけを虚数だと勘違いしている人が多くいるので，気をつけてくださいね。

ふむふむ。
複素数が一番広い概念で，その中に実数と虚数が含まれるんですね。

その通りです。

おっし！
なんとなく，わかってきました。

虚数に大小はある？

ところで，虚数に大小ってあるんですか？　たとえば，$\boldsymbol{i}$と$-\boldsymbol{i}$ではどちらが大きな数といえるんでしょう。やっぱり複素平面で上にいくほど大きいといえるんでしょうか？

$$i>-i\ ?$$

$$i<-i\ ?$$

うーん，**虚数の大小関係**についてはなんともいえません。たとえば，**東**にゴールがあるとき，東に向かって**1歩進む**のと，東に向かって**−1歩進む**（西に向かって1歩進む）のではどちらが有利でしょうか？

それは当然，東に向かって1歩の方が有利に決まっています。

そのように考えれば，＋1の方が－1よりも大きいと決めることができます。
それでは，東に向かって***i* 歩進む**のと，東に向かって**－*i* 歩進む**のでは，どちらが有利でしょうか？

ええっ!?　***i* 歩？**
複素平面で考えると，北と南ということですかね。

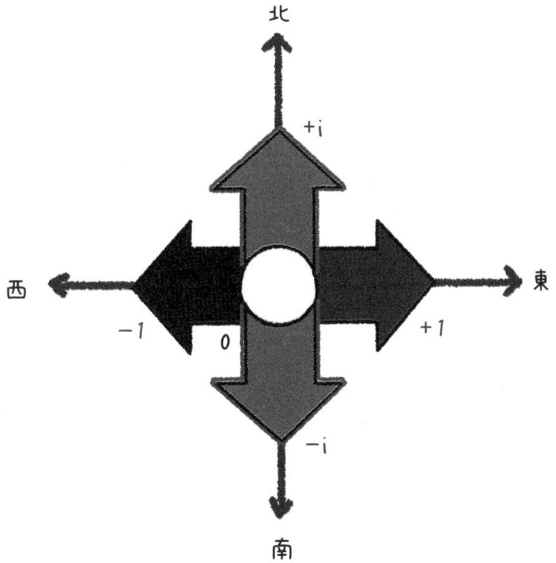

うーん，**比べようがない**ような。

そうなんです！　虚数の大小は比べようがないんです。

虚数に大小はないのか。
みんな平等ってことですね！

虚数には，すべての複素数の間でなりたつような普通の意味での大小関係を定めることはできません。状況によっては，複素数の絶対値の大きさや実数部分の大きさなどを比較することもありますが，それは普通の意味での大小関係とはいえません。

複素数の足し算・引き算・かけ算・割り算に挑戦！

虚数や複素数がどんなものなのか，だいぶわかってきましたか？

うーん，なんとなく……。

ここからはいよいよ**複素数の計算**に突入です！
まず，このSTEP1では基本的な計算方法を紹介します。
さらに，**複素数の計算は，複素平面を使うことで“図形的”に行うこともできるんですよ。**複素平面を使った複素数の計算は，STEP2で紹介しますね。

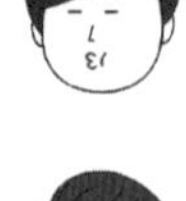

計算かぁ……。
めっちゃ苦手です。

そう心配しなくても大丈夫ですよ。複素数の計算は，実数の計算と大きくは変わらないんです。

まずは，複素数$2+3i$と$5+i$の足し算を考えてみましょう。

うーん，iが登場すると，どのようにあつかえばいいのか，まったくわかりません。

複素数の計算は，虚数単位iが登場します。この点が，単なる実数の計算とはことなるところです。
でも，このiは，xやyのような通常の文字とほぼ同じようにあつかうことができるんです。

同じように？

はい。実際に$(2+3i)+(5+i)$を計算してみます。

$$
\begin{aligned}
&(2+3i)+(5+i)\\
&=(2+5)+(3+1)i\\
&=7+4i
\end{aligned}
$$

というわけで答は$7+4i$です。

なるほど！
二つの複素数の実部と虚部を別々に足し算すればいいんですね！

その通りです。$(2+3i)-(5+i)$ もまったく同じようにして計算することができます。
やってみてください。

うーんと……。

$$
\begin{aligned}
&(2+3i)-(5+i)\\
&=2+3i-5-i\\
&=(2-5)+(3-1)i\\
&=-3+2i
\end{aligned}
$$

できました！
答は $-3+2i$ です！

完璧！
これで複素数の足し算・引き算は大丈夫そうですね。

はい！
（フフ，もしかして意外と簡単〜？）

じゃあ，次は**かけ算**と**割り算**ですね。
このときは，「$i^2=-1$」ということに気をつけないといけません。
あとは通常の文字が入った計算と同じですよ。
実際に $(2+3i)\times(5+i)$ を計算してみます。

$$
\begin{aligned}
&(2+3i)\times(5+i)\\
&=2\times5+2\times i+3i\times5+3i\times i\\
&=10+2i+15i+3i^2\\
&=(10-3)+(2+15)i\\
&=7+17i
\end{aligned}
$$

ということで，答は$7+17i$です。

i^2が出てきたら，そのときに−1に変換すればいいわけですね。

そういうことです。

かけ算も大丈夫な気がしてきた！

いいですね。では最後に**割り算**です。
$(2+3i)\div(5+i)$を計算してみましょう。

$$(2+3i)\div(5+i)=\frac{2+3i}{5+i}$$

これで終わりですか？
これ以上は計算できなそうですけど。

iが通常の文字であれば，ここで終了でしょう。
でも$i^2=-1$を利用することで，この答をもっとシンプルにすることができます。
そのときに使うのが，「分母の**共役複素数**を，分子と分母にかける」という技です！

まったく意味がわかりません！
分子と分母にかける!?　それに……，
共役複素数って一体何者!?

フフフ。
では，まずは**共役複素数**について説明しましょう。
たとえば，$5+i$の共役複素数は，$5-i$です。
こんなふうに，**ある複素数の虚部についているプラス・マイナスの符号を入れかえたものを，共役複素数というんです。**

ポイント！

共役複素数

複素数の虚部についている符号のプラス・マイナスを入れ替えたもの。

例

5＋iの共役複素数 → 5－i

じゃあ，3＋$\boldsymbol{i}$の共役複素数は3－$\boldsymbol{i}$，100－50$\boldsymbol{i}$の共役複素数は100＋50$\boldsymbol{i}$ということですか？

その通りです。

ふうむ。
それで，この共役複素数を使うと，さっきの計算がどう変わるんだろう？

では改めて，先ほどの計算を考えてみましょう。

$$(2+3i)\div(5+i)=\frac{2+3i}{5+i}$$

分子と分母に5＋iの共役複素数5－iをかける

$$=\frac{(2+3i)(5-i)}{(5+i)(5-i)}$$

$$=\frac{10-2i+15i-3i^2}{25-i^2}$$

$$=\frac{(10+3)+(-2+15)i}{25+1}$$

$$=\frac{13+13i}{26}$$

$$=\frac{1}{2}+\frac{1}{2}i$$

というわけで，$(2+3i)\div(5+i)$ の答は $\frac{1}{2}+\frac{1}{2}i$ です。

うぉっ，めっちゃシンプルになった。

分母に虚数単位が残っている分数は，今やったように分母の共役複素数を分子・分母にかけることでシンプルにすることができるんですよ。
一応，文字式でも複素数の計算を確認しておきますね。

複素数の計算

足し算

$$(a+bi)+(c+di)=(a+c)+(b+d)i$$

引き算

$$(a+bi)-(c+di)=(a-c)+(b-d)i$$

かけ算

$$(a+bi)\times(c+di)$$
$$=a\times c+a\times di+bi\times c+bi\times di$$
$$=(ac-bd)+(ad+bc)i$$

割り算

$$(a+bi)\div(c+di)=\frac{a+bi}{c+di}$$

分母の共役複素数$(c-di)$を分子と分母にかける

$$=\frac{(a+bi)(c-di)}{(c+di)(c-di)}$$

$$=\frac{ac-adi+bic-bidi}{c^2-d^2i^2}$$

$$=\frac{ac+bd+(bc-ad)i}{c^2+d^2}$$

$$=\frac{ac+bd}{c^2+d^2}+\frac{bc-ad}{c^2+d^2}i$$

（割り算の場合は，$c=d=0$ の場合は考えません。）

割り算だけ超複雑……。

ところで，**a，b，c，dを実数として，二つの複素数$a+bi$と$c+di$が等しいとは，$a=c$であって，しかも$b=d$であることと約束します。**これは，複素数を複素平面上の点と考えて，同じ点になっていることですので，もっともな約束ですね。
とまぁ，複素数の基本的な計算は以上です。
次のSTEP2では，複素数の計算を複素平面で眺めてみましょう！

はい！ がんばります！
（やっぱりぜんぜん簡単じゃなかった〜っ。）

$i^2 = -1$

STEP 2

回転すれば，かけ算ができる！

STEP1で紹介した複素数の計算を，複素平面でも考えてみましょう。複素数の計算は，複素平面上の矢印のつぎ足しや，回転で考えることができます。

実数の足し算・引き算を，矢印で考えよう

複素数の計算は，バッチリですか？

うーん，どうでしょう。
$i^2 = -1$ ということに気をつければ，実数の計算とほぼ同じなので，大丈夫だと思います。

いいですね。
さて，このSTEP2では，STEP1でやったような計算を，**複素平面**上で考えていきます。複素平面を考えることで，幾何学的な問題をはじめとする，さまざまな問題を考えることができるようになるんです。

複素平面上で計算？
大丈夫かな……，全然意味がわかんないんですけど。

まぁまずは，**実数の足し算・引き算**を考えてみましょう。たとえば，$2+4$ はどうなるでしょうか？

答は6です！
小学生でもわかります！

ええ，そうなんですけど，この足し算を数直線で考えてみます。
すると2＋4は，次の図のように「＋2をあらわす矢印」の終点に，「＋4をあらわす矢印」をつなげる操作として考えることができます。先ほど注意しましたが，＋4の矢印は数直線上で平行移動しても同じ矢印です。

2 + 4の場合

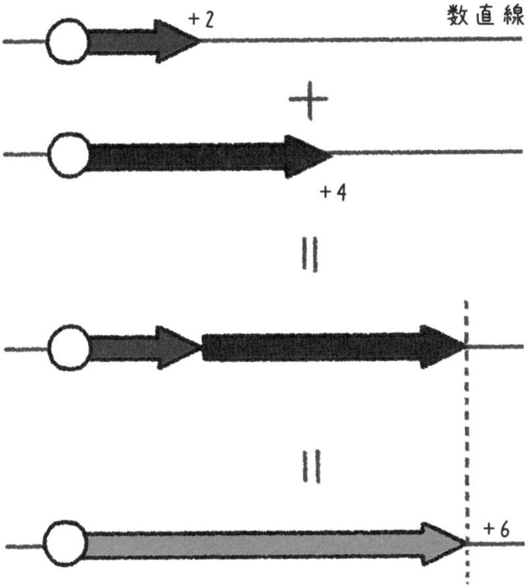

このように，**実数の足し算は，「数直線上の二つの矢印をつなげる操作」**と考えることができるんです。

ふむふむ。足し算は二つの矢印をつなげる，っと。
実数の引き算も同じように数直線で考えることができるんでしょうか？

2－4という引き算の場合，4の矢印の先端から，2の矢印の先端に矢印を引きます。
その矢印の右端が原点になるように矢印を平行移動すると，その矢印の左端が2－4の答となります。

2－4の場合

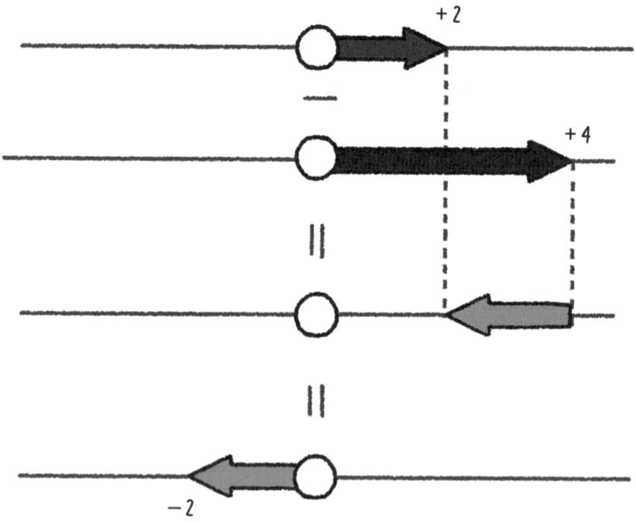

おお，矢印の先端は-2にきました。
引き算の場合は，後ろの数（引く数）の矢印の先端から出発して，前の数（引かれる数）の矢印の先端に矢印を引いて，そうしてできた矢印の末端を原点に移動すればいいんですね！

その通りです。これが数直線を使った足し算・引き算の考え方です。

複素数の足し算を，矢印で考えよう

では，次に**複素数の足し算・引き算**を考えてみましょう。

複素数の足し算・引き算もやっぱり，矢印で考えられるんでしょうか？

はい。具体的に，複素数$A=5+2i$と複素数$B=1+4i$の足し算を考えてみます。
そもそも$5+2i$と$1+4i$を複素平面上にあらわすことはできますか？

えーっと，複素平面では，横軸で実部を，縦軸で虚部をあらわすんでしたね。
ということは，$5+2i$は，横に5，縦に2進む。$1+4i$は，横に1，縦に4進めばいいんですね。
複素平面上であらわすと……。

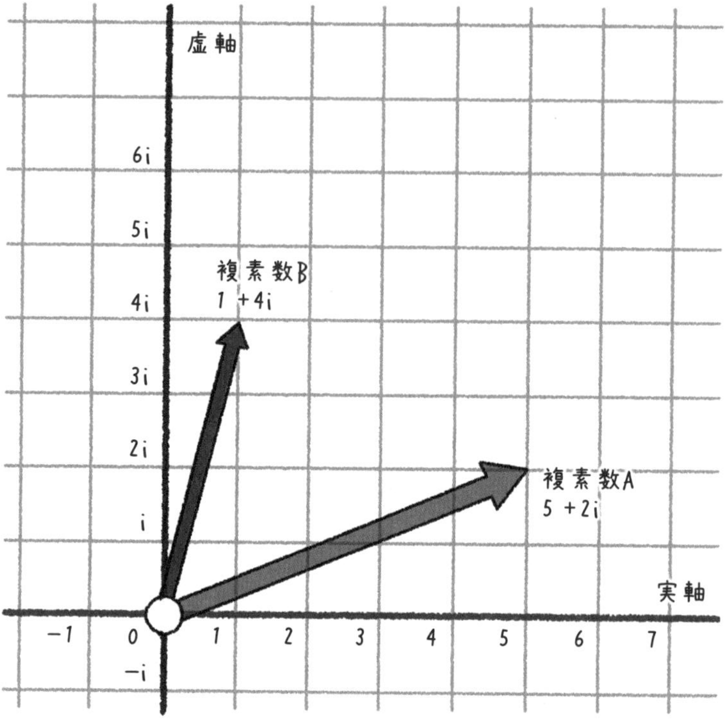

はい，二つの複素数を複素平面上にあらわすことができました。

いいですね。
では二つを足してみてください。実数のときと同じで，矢印をつなげればいいんですよ。

えっと，複素数Aの矢印の先端に，複素数Bの矢印をもってくると……。

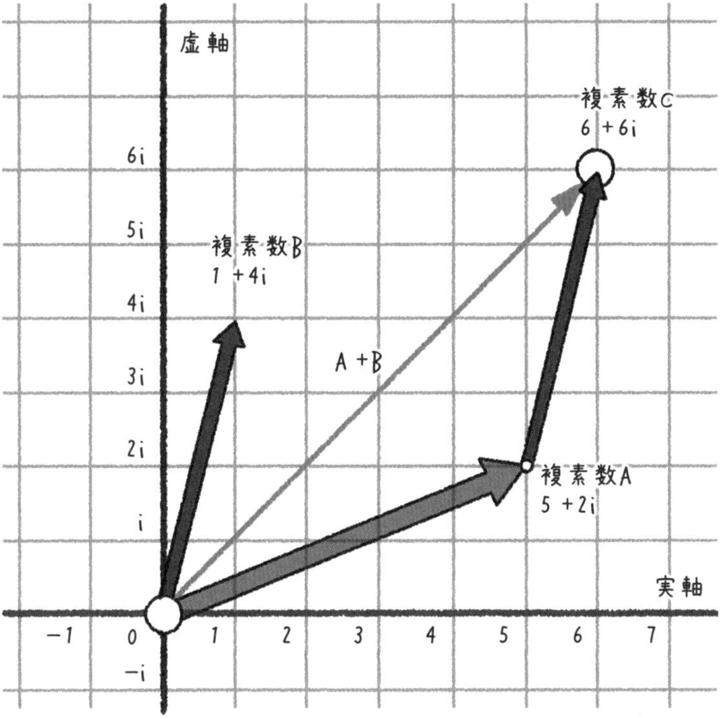

はい，図にえがけました。

OK！
継ぎ足した矢印の先端を見ると，横に6，縦に6の場所にあります。ここから$(5+2\boldsymbol{i})+(1+4\boldsymbol{i})$は$6+6\boldsymbol{i}$となることがわかります。

おおっ！　図にえがくと足し算ができちゃうんですね！
すごい！

じゃあ，引き算はどうなりますか？

今やった計算をそのまま使いましょう。
$(6+6i)-(5+2i)$を考えますね。
実数の引き算のときと同じように，**$5+2i$から$6+6i$の矢印の先端に向かって矢印を引けば，それが答の矢印になります。**

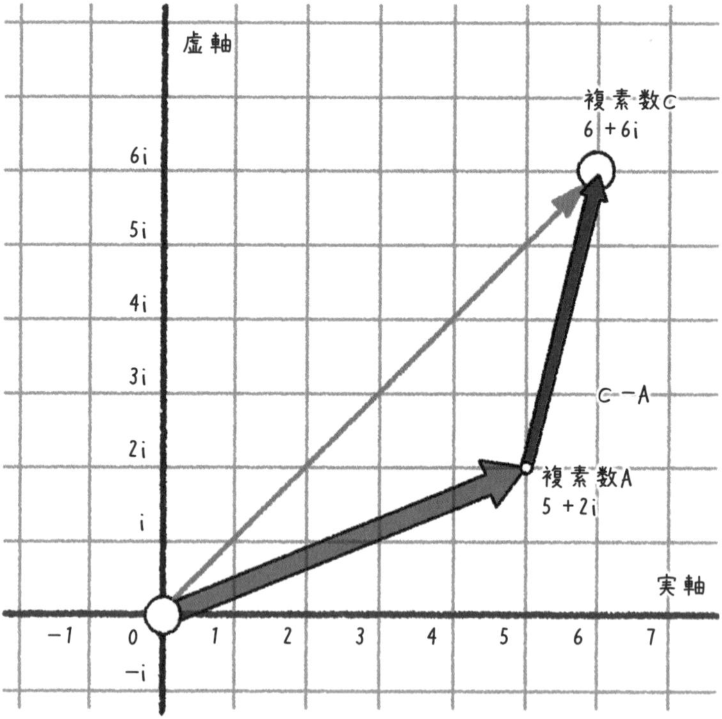

え？
答は1＋4$\boldsymbol{i}$になるはずですけど，今引いた矢印の先端は1＋4$\boldsymbol{i}$に来ていませんよ。

複素数の矢印は，傾きや長さは変えてはいけませんが，平行移動はしていいんです。
ですから，先ほどの矢印の末端を原点に移動すれば，ちゃんと答である1＋4$\boldsymbol{i}$の矢印に一致するはずですよ。

なるほど。
これで複素数の足し算も引き算もできるようになったわけですね。

そうですね。
この次は**かけ算**に挑戦です。

マイナス1のかけ算は，180°の回転

まずは，実数のかけ算から考えましょう。
(＋1)×(－1)という単純な実数のかけ算をやってみます。

えっ，そんなの－1に決まっているじゃないですか。

ま，そうなんですけど，これを複素平面で考えるんです。
やってみましょう。

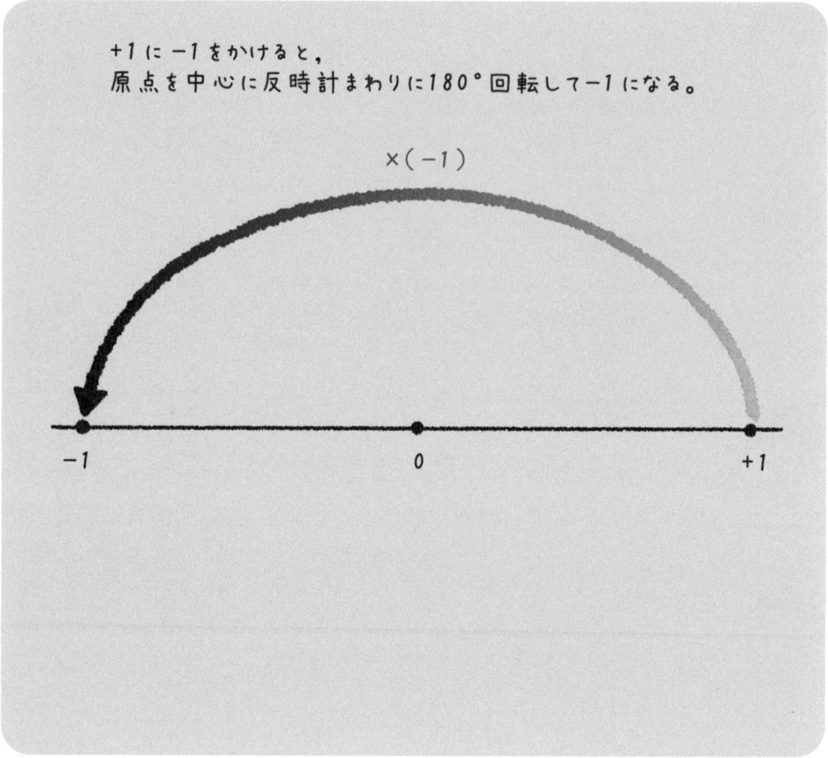

はい，このように，**＋1への－1のかけ算は，＋1の点を原点を中心に180°回転させる操作と考えることができます。**このように－1のかけ算は，複素平面上の点を，原点を中心に反時計まわりに180°回転させるんです。

ほぉ。180°の回転ですか。

－1のかけ算を反時計まわりの180°の回転だと考えると，マイナス×マイナスがプラスになるという数学の約束ごとも一目瞭然です。

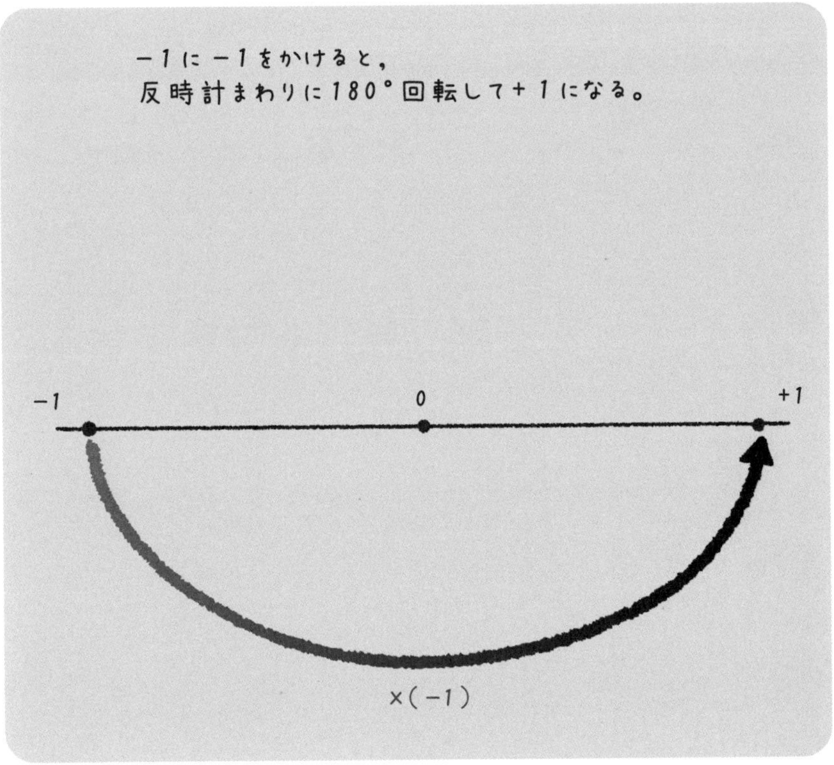

(−1)×(−1)の計算は上の図のようになります。

なるほど，−1の点が，原点を中心に反時計まわりに180°回転するから＋1になると考えられるわけですね！

そういうことです！

虚数単位iのかけ算は，90°の回転

さて，次に考えるのは，**虚数単位iのかけ算**です。虚数単位iのかけ算は複素平面上でどのようにあらわされると思いますか？

いや，さっぱり見当もつきません。

1にiを何回かけ算したら元の1に戻るかを考えると，ヒントになるかもしれません。

1にiをかけ算して元に戻る？
1回目は，$1\times i=i$ですね。
2回目は，1回目の答iにiをかけるので$i\times i=i^2$です。
$i^2=-1$でしたから，2回目は-1ですね。

いい調子です。

3回目は，$-1\times i=-i$
4回目は，$-i\times i=-i^2=-(-1)=1$
お，4回目でやっと1に戻ってきました。

そうですね。$+1$にiをかけ算するたびに，$1\to i\to -1\to -i\to 1$と変化していきます。そしてiを4回かけると元にもどります。
このようすを複素平面で見てみましょう。

1. 1にiをかけると，反時計まわりに90°回転してiになる。

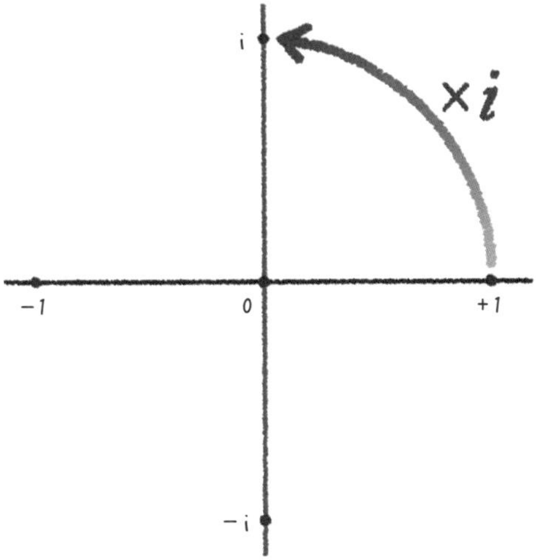

2. iにiをかけると，反時計まわりに90°回転して−1になる。

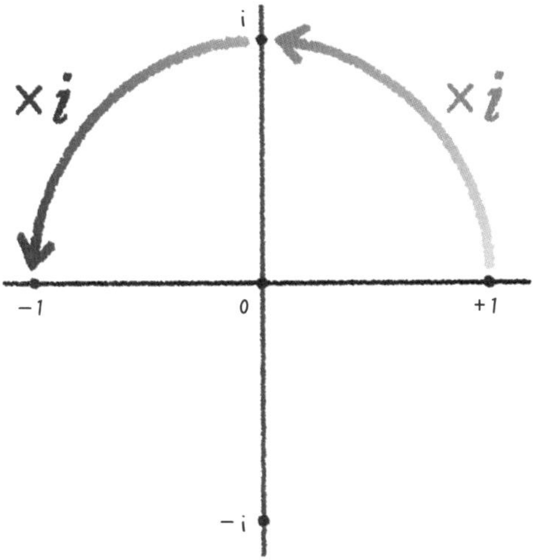

3. −1にiをかけると，反時計まわりに90°回転して−iになる。

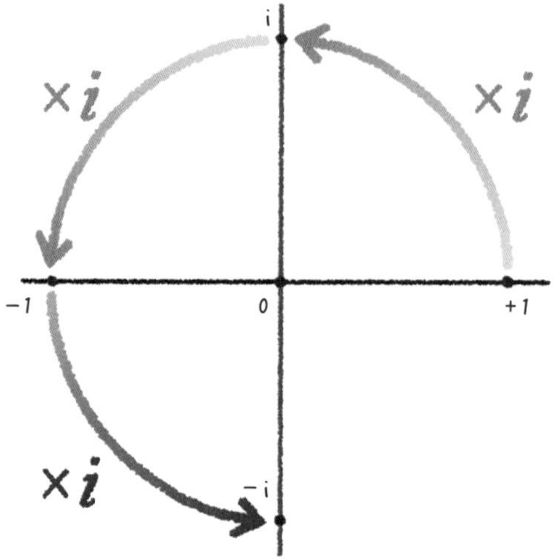

4. −iにiをかけると，反時計まわりに90°回転して+1になる。

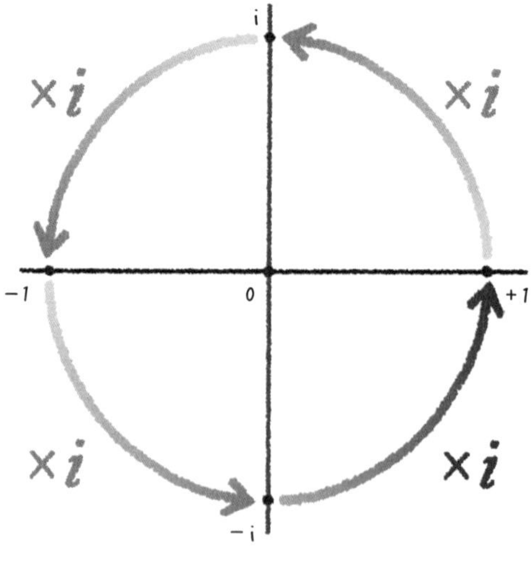

あっ，iをかけるたびに90°ずつ回転しています。

その通りです。
iのかけ算は，複素平面上では，反時計まわりの90°の回転として考えることができるんです。
これは，1以外の実数にiをかけても同じことです。ためしに，3×iを見てみましょう。

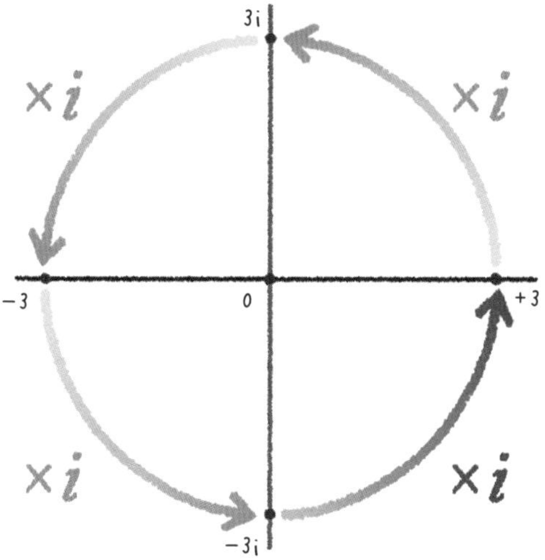

1×iのときとまったく同じですね。
＋3にiをかけると，原点を中心に90°回転して3i。
4回かけると1周して確かに＋3にもどってきています。

というわけで**iのかけ算は反時計まわりの90°の回転**と覚えてください。

複素数にiをかけても，やっぱり90°回転する

実数へのiのかけ算は，90°の回転で考えられました。
では次に複素数にiをかけてみましょう。
$(3+2i)\times i$を考えてみてください。

えっと，普通に計算すると……

$$
\begin{aligned}
(3+2i)\times i &= 3i+2i^2\\
&= -2+3i
\end{aligned}
$$

$-2+3i$ですよね。これも複素平面で見てみましょう。
右のページを見てください。

あぁ！　やっぱり90°の回転になってますね！

そうなんです。
実数だけでなく，複素数にiをかけても，反時計まわりに90°回転するんです！

$$(3+2i)\times i=(-2+3i)$$

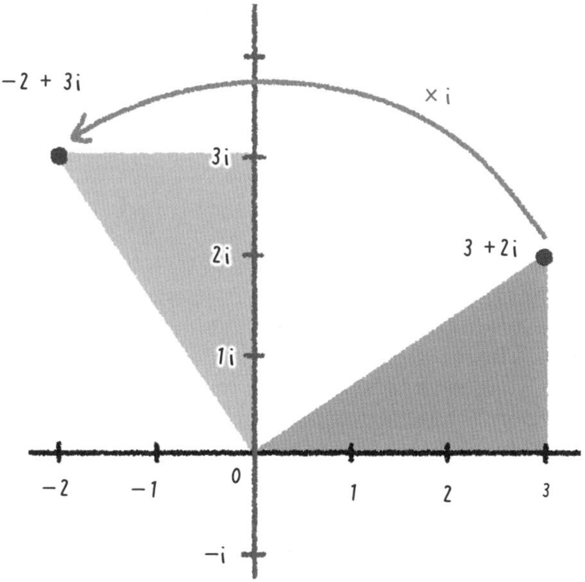

ポイント！

複素数にiをかけると、複素平面上で、
反時計まわりに90°回転する！

複素数どうしをかけ算すると，回転と拡大がおきる

では，最後に**複素数どうしのかけ算**です。
1，$(1+i)$，i にそれぞれ複素数 $(3+2i)$ をかけ算する場合を考えてみてください。

① $1\times(3+2i)$
② $(1+i)\times(3+2i)$
③ $i\times(3+2i)$

一気にきましたね。
まずは① $1\times(3+2i)$ ですが，これは考える間もなく答は **$3+2i$** ですよね？

そうですね。
この計算を複素平面上にえがいたのが，右のイラストです。

原点と1を結ぶ線分が，原点と $3+2i$ を結ぶ線分になるように変化していますね。

そうですね。
そうなるように，**回転・拡大**されているように見えませんか。

$1\times(3+2i)=3+2i$

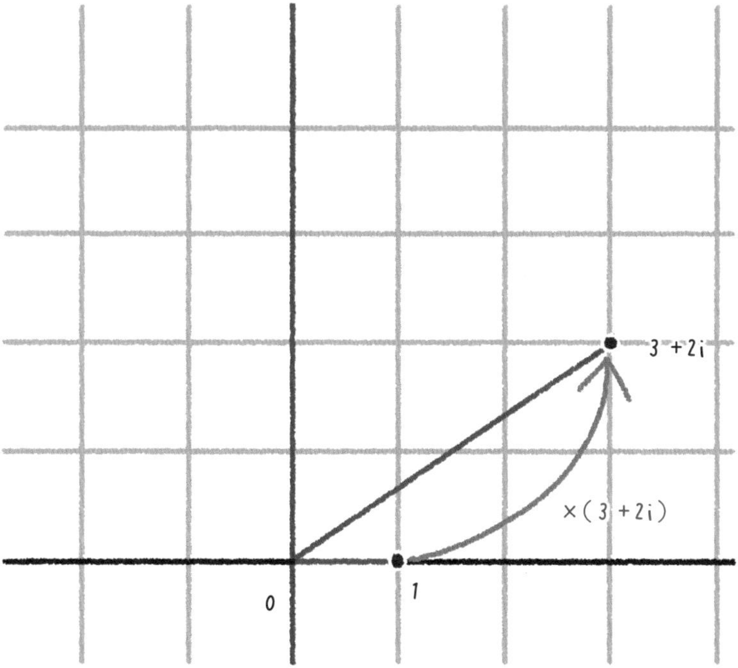

同じように次は②$(1+i)\times(3+2i)$を考えてみてください。

計算すると……

$$
\text{②}(1+i)\times(3+2i)=1\times3+1\times2i+i\times3+i\times2i
$$
$$
=3+2i+3i-2
$$
$$
=1+5i
$$

答は$1+5i$です。

そうです。これを複素平面でえがくと次の図のようになります。

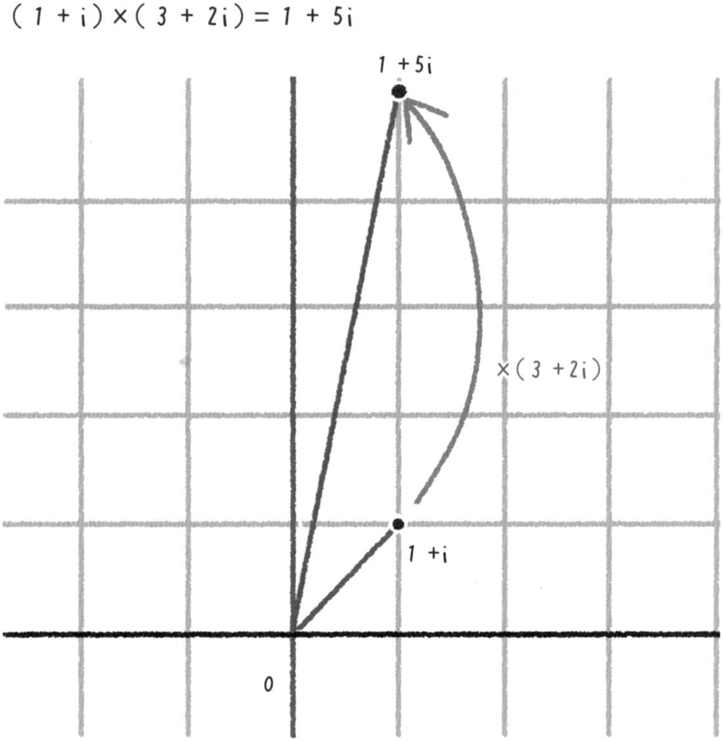

やっぱり**回転と拡大がおきている！**

では，最後に③$i \times (3+2i)$をやってみましょう。

③ $i \times (3+2i) = i \times 3 + i \times 2i$

$= -2 + 3i$

答は$-2+3i$です。これも複素平面にえがくんですね。

$i \times (3+2i) = -2+3i$

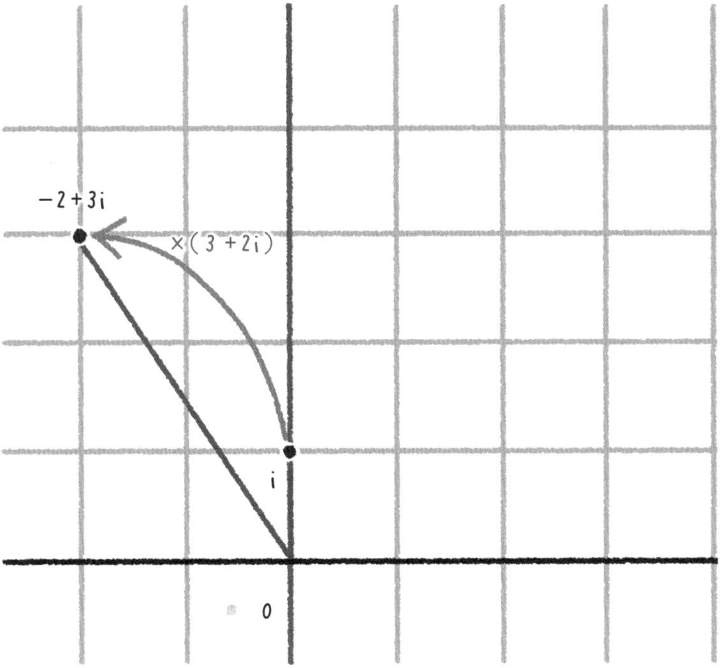

ここで，今やった計算結果をすべてまとめてえがいてみましょう。

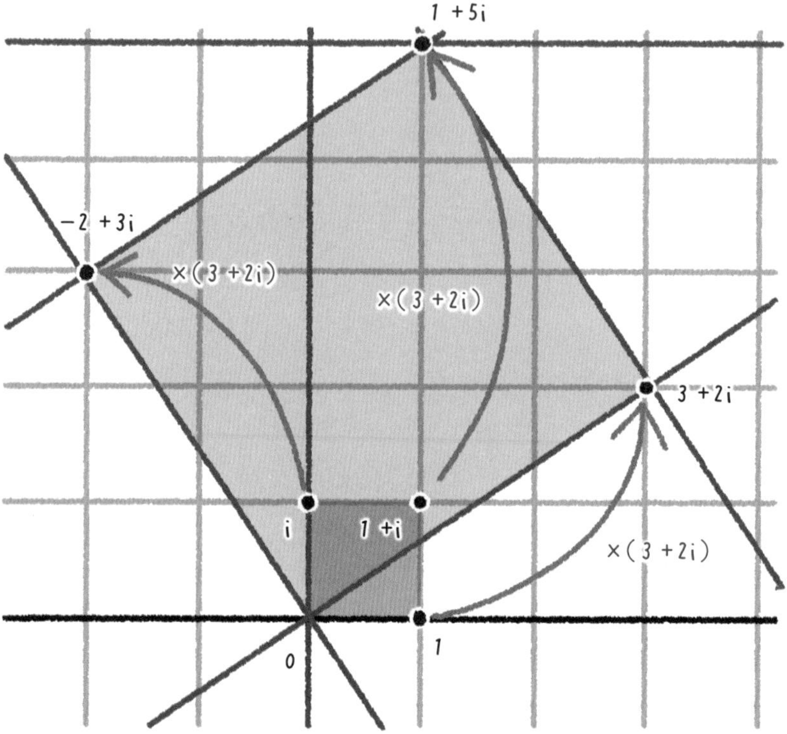

あっ！
原点と三つの複素数1，1＋i，iでできる正方形が，**回転して拡大されています！**

そうなんです！
複素平面上の複数の点がつくる図形に対して，複素数のかけ算を行うと，図形は相似をたもちながら回転・拡大（あるいは縮小）をすることになるんです。
複素数を使うと，図形の回転や拡大といった幾何学的な問題をあつかいやすくなるんですよ。

へぇー，**複素数すごい！**
複素数を使えば，簡単に図形を回転・拡大することができるのか。

すごいでしょう。

今回 $(3+2i)$ をかけて正方形を拡大・回転させましたが，拡大と回転をどれくらいすればいいのか，知る方法はないんですか？

もちろんありますよ。
まずは**拡大率**についてお話ししましょう。
拡大率は，かけ算する複素数の原点からの距離に等しくなります。これを**複素数の絶対値**といいます。

絶対値？

たとえば，$3+2i$ であれば，原点からの距離（絶対値）は $\sqrt{13}$ です。
ですから，先ほどの正方形は，**$\sqrt{13}$（≒ 3.6）倍**に拡大されたんです。

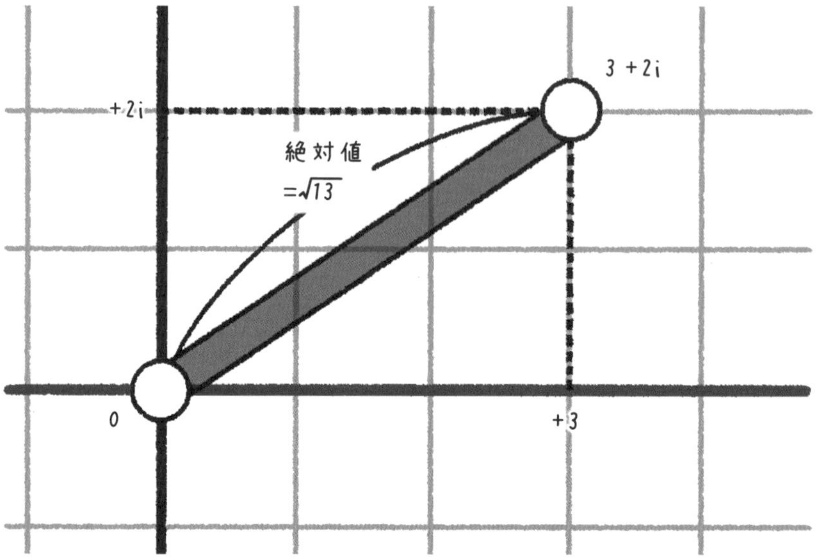

なぜ$3+2i$の原点からの距離が$\sqrt{13}$とわかるんでしょうか？

ピタゴラスの定理を使えば簡単ですよ。
ピタゴラスの定理では，直角三角形の斜辺の二乗が，ほかの二つの辺の二乗を足し合わせた長さに等しくなります。これを使うと，$3+2i$の絶対値は次のように計算できます。

$$(\text{絶対値})^2 = 3^2 + 2^2$$
$$(\text{絶対値})^2 = 13$$

絶対値は正の数なので

$$(\text{絶対値}) = \sqrt{13}$$

ふむふむ。

文字式でも確認しておきましょう。a，bを実数として複素数$a+bi$の絶対値は次のようになります。

ポイント！

複素数 $a+bi$

（絶対値）$=\sqrt{a^2+b^2}$

なるほど。複素数をかけると，絶対値の拡大率で図形を拡大できるんですね。

そうです。
絶対値が1より大きければ拡大し，1より小さければ縮小します。

では回転する角度はどのようにしてわかるんでしょうか？

回転角は，**かけ算する複素数と原点を結ぶ線分が実軸の正の向きとなす角に等しくなります。**
この角を**複素数の偏角**といいます。

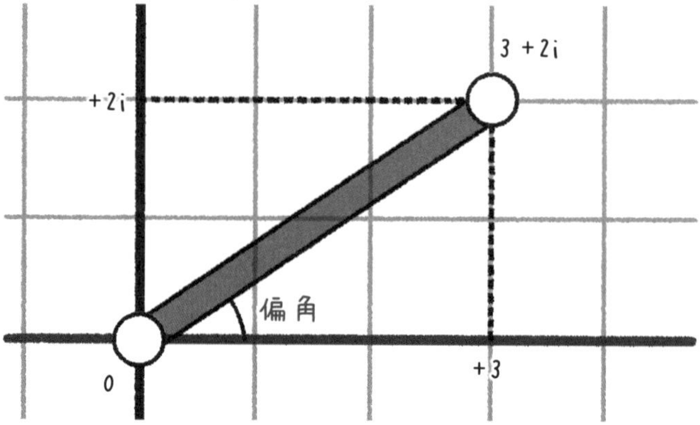

まとめると，**複素数をかけると，もとの図形は複素数の絶対値倍に拡大され，偏角の大きさだけ回転することになります。**

なお，ここで偏角θは$-180° < \theta \leqq 180°$の範囲で考えることにします。こうしておくと，図からもわかるように，0でない勝手な複素数$a+bi$に対して偏角θが一通りに決まります。たとえば，$1+i$の偏角は45°，$-1+i$の偏角は135°，$-1-i$の偏角は$-135°$となります。

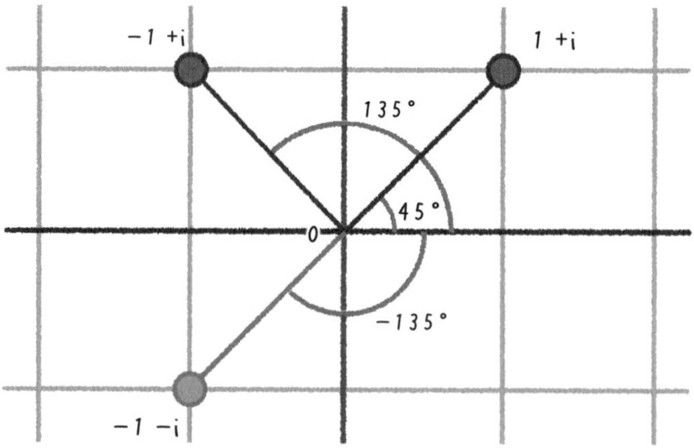

北斗七星に複素数をかけ算！

図形に複素数をかける例をもう一つ見てみましょう。複素平面上に**北斗七星**があるとします。各点に複素数$3+2\boldsymbol{i}$をかけると北斗七星はどうなるでしょうか？

回転して拡大すると思います！

そうですね。では何倍に拡大されて，さらにどれくらい回転するでしょうか？

わかりません！

まず拡大率は，複素数$3+2i$の絶対値だから，さっき計算したように$\sqrt{13}$倍ですね？

はい。

一方，回転角は，$3+2i$と実軸との間の偏角θと同じになります。ですから，北斗七星は右のページの図のように回転・拡大されます。

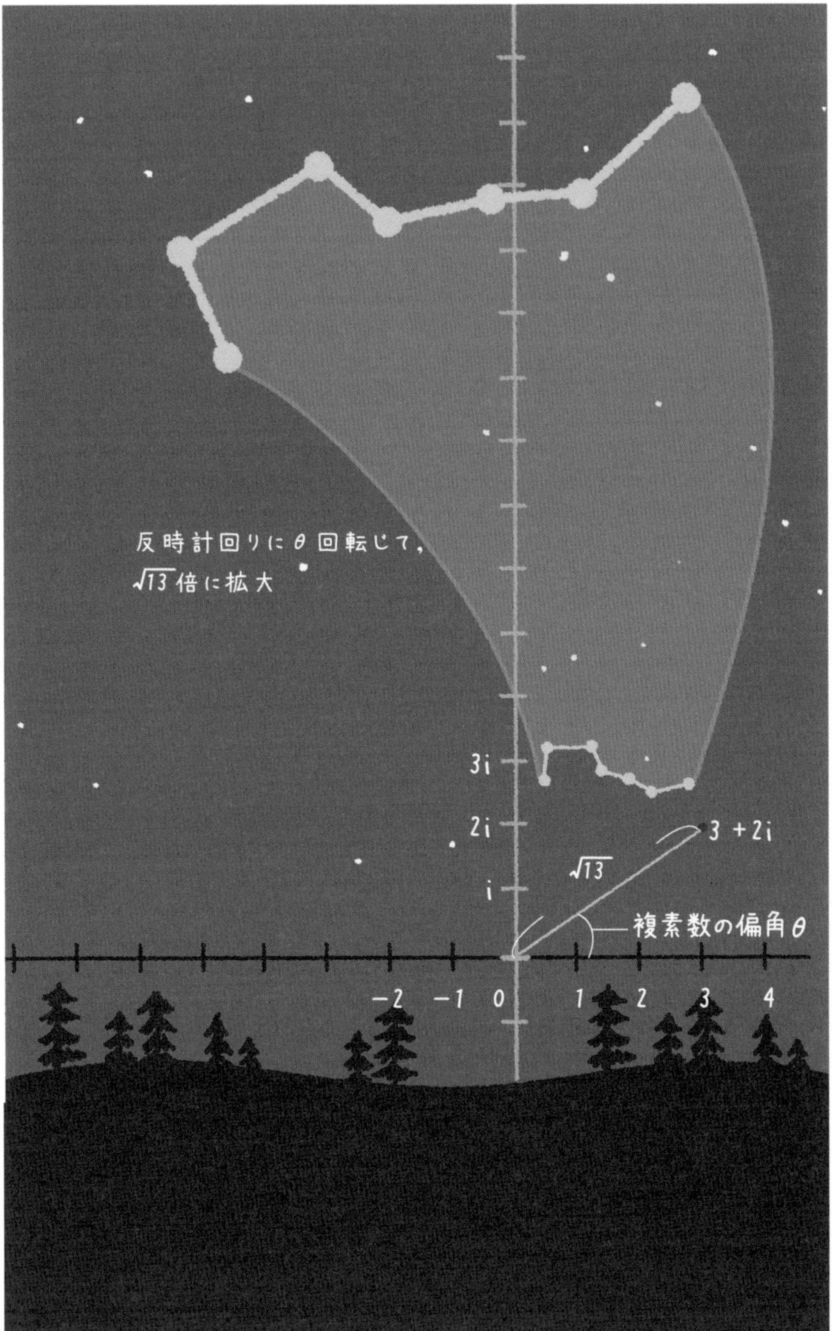
反時計回りにθ回転じて，
√13倍に拡大
3i
2i
i
3＋2i
√13
複素数の偏角θ
−2
−1
0
1
2
3
4

なるほど。
とにかく複素数をかけると，回転と拡大ができるということがわかりました！

では，ひとまずこれで，複素平面を使った複素数の計算は**バッチリ**ですね。

カルダノの問題を複素平面で確認しよう

さて，複素平面を使った複素数の計算ができるようになったところで，1時間目で紹介した**カルダノの問題**をあらためて考えてみましょう。

たしか**「足して10，かけて40になる二つの数字は何か？」**という問題でしたね。

そうです。この問題の答を**複素平面**を使って確認してみましょう。

たしか，問題の答は $\mathbf{5+\sqrt{-15}}$（$=5+\sqrt{15}\,i$）と，$\mathbf{5-\sqrt{-15}}$（$=5-\sqrt{15}\,i$）でしたよね。複素平面を使えば，これを確認することができるんですか？

よくおぼえていましたね。
問題の答を $A=5+\sqrt{15}\,i$ と $B=5-\sqrt{15}\,i$ として，$A+B=10$，$A\times B=40$ となることを複素平面上で見てみましょう。

はい！　お願いします！

まず，複素数A，Bを複素平面にあらわします。すると次のようになります。
さて，複素平面上の**足し算**はどのようにすれば計算できるか覚えていますか？

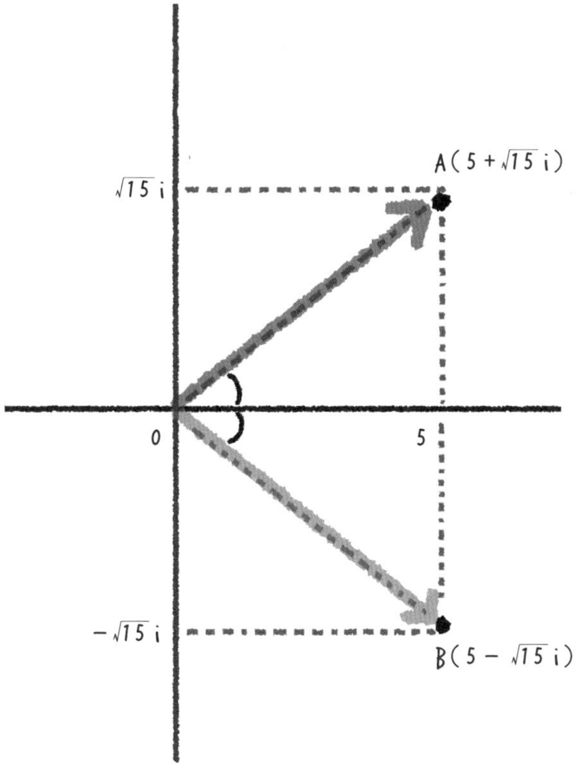

えーっと，たしか矢印をつなげるんだったような……。

その通りです！

A＋Bは，**「Aをあらわす矢印」の終点に，「Bをあらわす矢印」の始点を移動してつなげればいいんです。**やってみましょう！

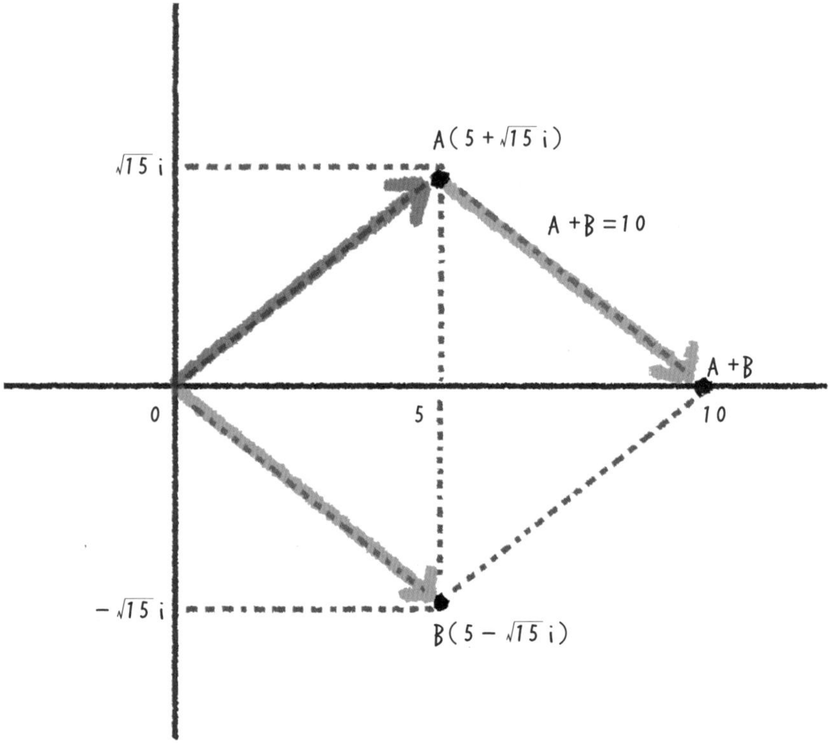

おぉー！

ちゃんと矢印の先端が実数軸の10にきてます！

ここから，$(5+\sqrt{15}i)+(5-\sqrt{15}i)$ の答がたしかに10になることが確かめられましたね。

よっしゃ！
じゃあ次は，**A × B ＝ 40**の確認ですね。
複素数のかけ算……，どうやるんだったっけな。

北斗七星の話を思い出してください。
複素数のかけ算は，**回転**と**拡大**でしたね。**絶対値の倍率で拡大して，さらに偏角の分だけ回転させれば，A × B の答になるはずです。**

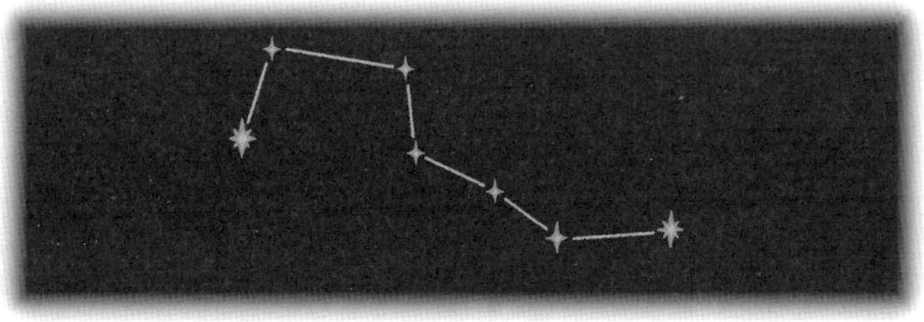

そうでした！

じゃあ，まず**Aの絶対値**を計算してください。

うぐぐぐ，
やり方，覚えていません！

絶対値というのは**原点からの距離**のことでしたね。
ピタゴラスの定理を使うとAの絶対値は次のように計算できます。

複素数 $A = 5 + \sqrt{15}i$

$$(\text{絶対値})^2 = 5^2 + \sqrt{15}^2$$
$$= 25 + 15$$
$$= 40$$

絶対値は正なので

$$(\text{絶対値}) = \sqrt{40}$$

というわけで，Aの絶対値は$\sqrt{40}$です。

ふむふむ。
それでたしか**Aの偏角**は，**Aの矢印と実軸がなす角**でしたよね？

その通りです。

点Aの偏角をθとしておきましょう。
同じようにB（＝5 －$\sqrt{15}i$）をあらわす点Bをえがいてみると，点Aと同じく**絶対値は$\sqrt{40}$**になります。そして，複素数Aの偏角をθとおいたので，Aを実軸においた鏡で映したような対称な位置にある複素数Bの偏角は，偏角の定め方から－θですね。

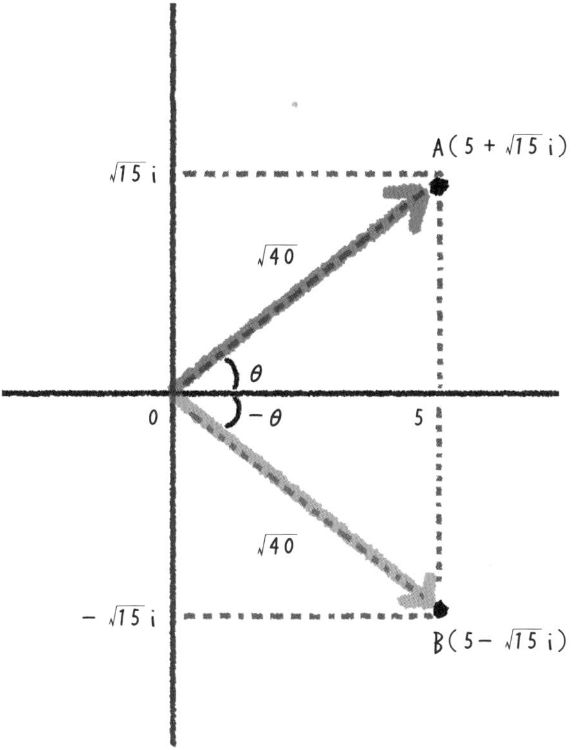

それで，A × B を計算するにはどうすればいいんでしょうか？

「A × B」の答となる複素数の絶対値（原点からの距離）は（A の絶対値）×（B の絶対値）となります。
一方，**偏角は（A の偏角）＋（B の偏角）となります。**

ということは「A × B」の絶対値は $\sqrt{40} \times \sqrt{40} = 40$ ですね！

その通り！

A×Bの偏角を計算すると，$\theta+(-\theta)=0$でしょうか？

正解です！　A×Bの答は原点からの距離（絶対値）が40で，偏角（実軸となす角）が0になる点によって示される数です。

これは，実数の40にほかなりません！

図にすると次のようになります。

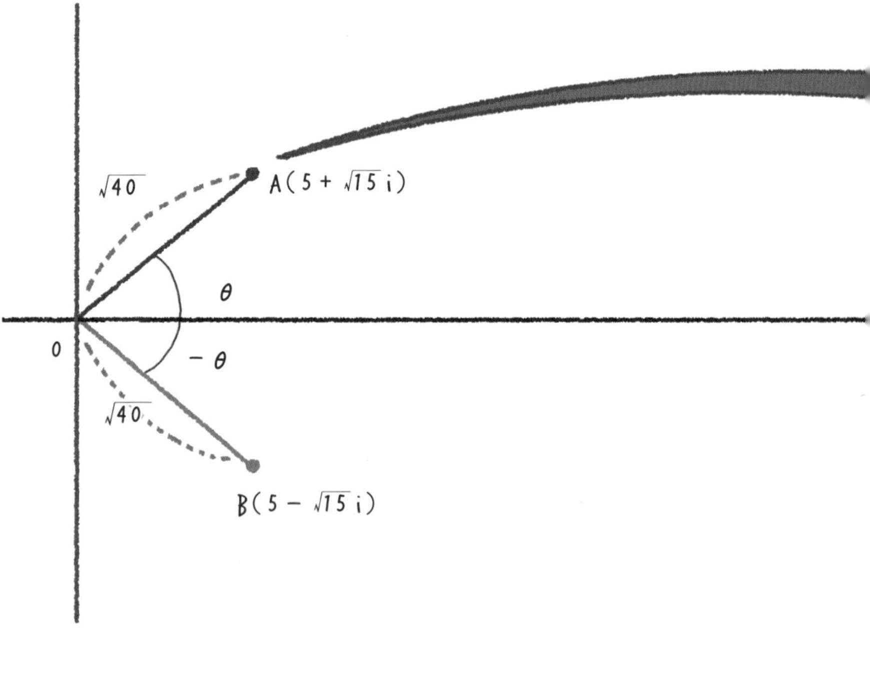

つまり，A×B＝40ということですね！
やっぱり，A＋B＝10，A×B＝40であることが確認できましたね。

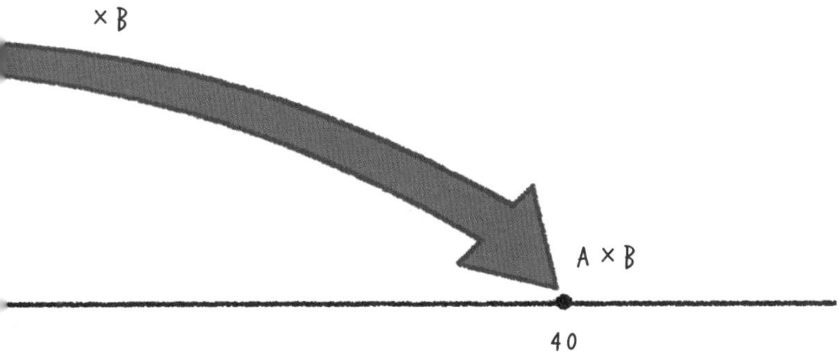

複素平面に正多角形をえがく魔法の数式

複素数や複素平面の発明は，実数に限られていた数学の世界をさらに**大きく発展**させるきっかけになりました。ここでは，大数学者**ガウス**の複素数にまつわる業績を紹介しましょう。

ガウスって，たしか複素平面をつくりあげるのにも貢献した人物ですよね。

はい。
ガウスは，複素平面のアイデアを使うことで，さらに**正多角形**に関する重要な性質を明らかにしたんです。

どんな性質ですか？

唐突ですが，1，i，-1，$-i$という四つの複素数を考えます。
これらはどれも4乗すれば1になります。つまり，**これら四つの数は，どれも方程式$x^4=1$の解であり，「1の4乗根」といいます。**

$x^4=1$という方程式には四つも解があるわけですね。

ええ，そうです。
この四つの複素数を複素平面上にえがき，直線で結ぶと，その4点を頂点とする正方形ができます。

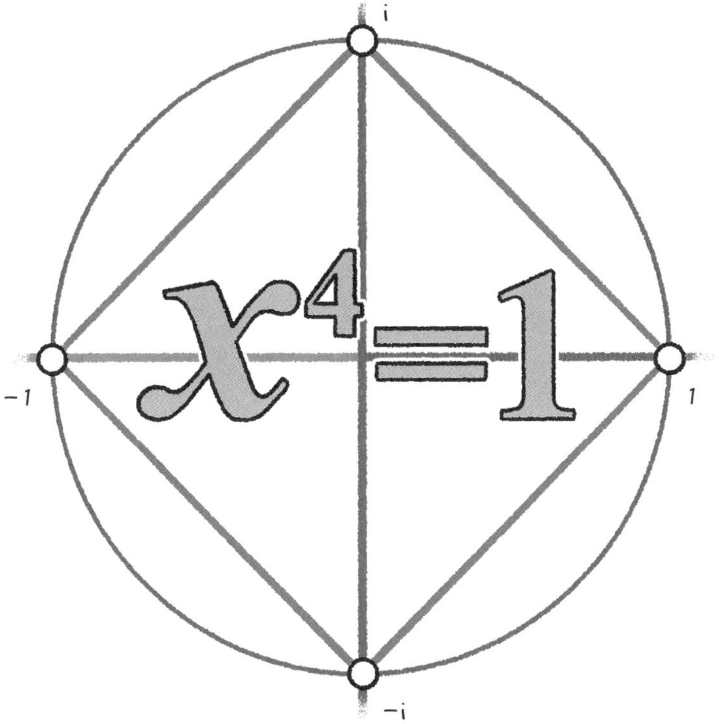

たしかに，正方形ができましたね。
でもこれ，何がすごいんですか？

これはつまり $x^4=1$ の解が，この正方形の頂点に対応する複素数であることを意味します。
さらに，この性質は**すべての正 n 角形**についてあてはまります。

いやいや，まったくわかりません。
どういうことですか？

複素平面上で，原点を中心にもち，頂点の一つが1となるような**正n角形**をえがくと，その各頂点は$x^n=1$の解になっているんです！

たとえば，**正5角形**であれば，$x^5=1$の解が頂点になっているということですか？

その通りです。正17角形であれば，$x^{17}=1$の解です。

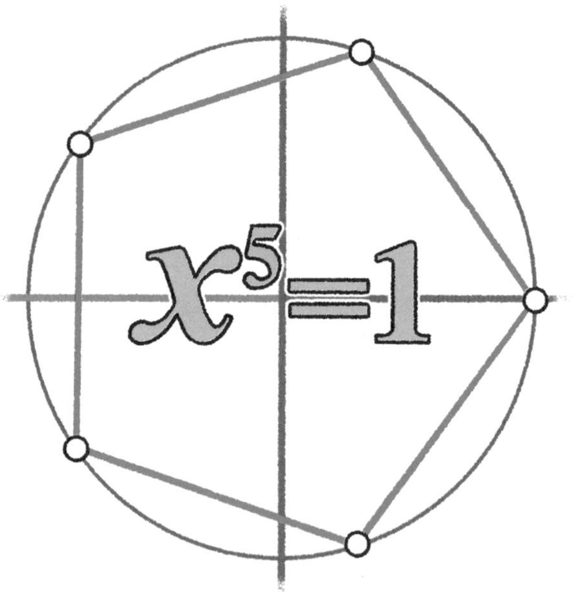

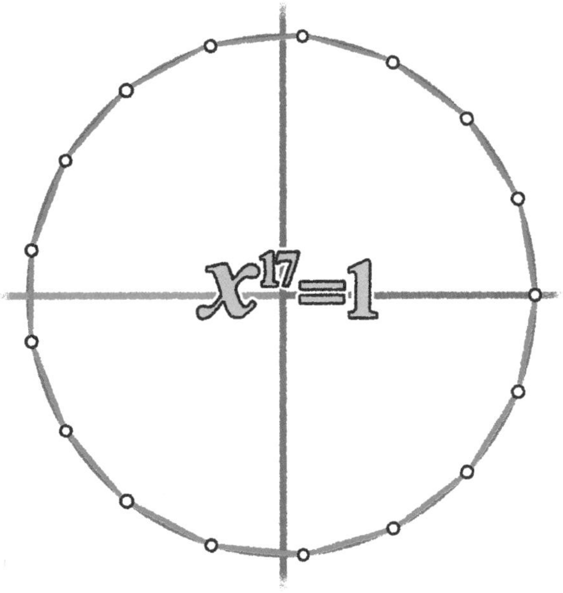

この性質を利用して，ガウスは，正多角形をコンパスと目盛りのない定規だけで作図できるかどうかという**古代ギリシア以来の問題**を解決しました。

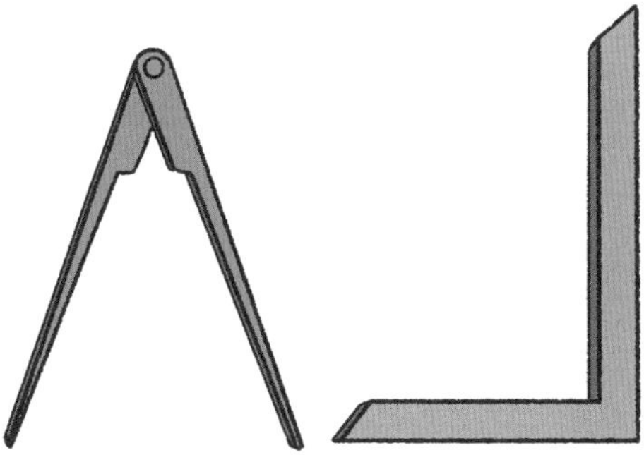

ガウスは，$x^n=1$の解が正多角形の頂点にくることを利用して，**正17角形**と**正257角形**，さらには**正6万5537角形**などがコンパスと目盛りのない定規だけで作図できることを証明したんです。

それにしても正6万5537角形って。ものすごいですね。

この発見が，ガウスを**数学者の道**に進ませたといわれています。
さらに，ガウスの複素数に関する偉大な業績はこれだけにとどまりません。1799年には**代数学の基本定理**という超重要な定理を証明しました。

だいすうがくのきほんていり？

はい，これは，**「どんな n 次方程式でも，複素数の範囲で考えれば，必ず解をもつ」**というものです。よりくわしくのべると，係数などに複素数しか出てこないような n 次方程式なら，その解は複素数の範囲に必ずおさまるということです。

2次方程式は，実数だけを考えると解がない場合がありました。でも，そのような場合であっても複素数で考えると，方程式の解をつねに求めることができましたね。
2次方程式以外の方程式でも，複素数の範囲で考えると，解が必ず存在する，ということでしょうか。

そういうことです。
18世紀なかばから，多くの数学者がこの定理の証明を試みましたが，成功にはいたっていませんでした。
ガウスが**はじめて証明に成功**したのです。

ガウスさん，すごいなぁ。

さらにさらに，ガウスは**整数**や**素数**などの概念を，複素数の世界へと拡張する研究も行いました。
実部と虚部がともに整数となる複素数を**ガウス整数**といいます。

ガウスせいすう……。
$3-2i$ とか $-5+2i$ とかですか？

そうです。
さらに，ガウス整数の中には，**ガウス素数**というものもあります。ガウス整数zがガウス素数とは，zの絶対値より小さく，しかも絶対値が1より大きいような二つのガウスの整数の積であらわせないことをいいます。
次のイラストは複素平面におけるガウス素数の分布です。

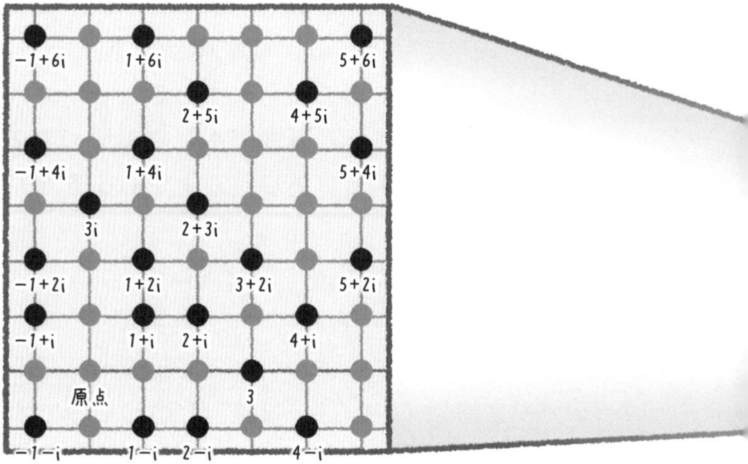

きれいな模様のようですね。

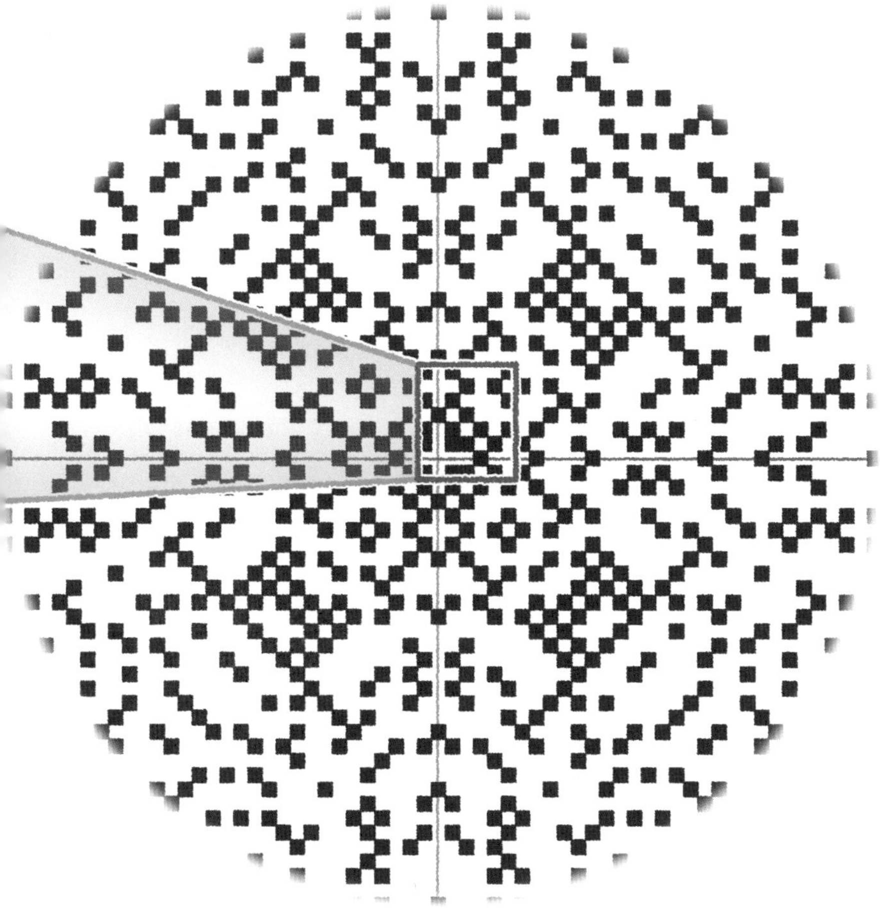

ところで**素数**ってなんですか？

素数とは，1と自分自身以外の数では割り切れない数のことです。1は素数に含めません。通常の実数の世界では，2，3，5，7，11，13……と素数はつづきます。

ふむふむ。

おもしろいことに，たとえば素数の**13**は，複素数の世界では**ガウス素数ではありません。**
$13 = (2 + 3\boldsymbol{i}) \times (2 - 3\boldsymbol{i})$と，絶対値が13より小さく1より大きな二つのガウス整数の積であらわされるからです。

そうか，素数とガウス素数は別のものなんですね。

でも拡張された整数や素数の世界で得られる定理は，実数での整数や素数でも成り立つものがあるんですよ。

数の旅は，虚数が終着駅

数の歴史は**自然数**からはじまりました。やがて，ゼロとマイナスの数を加えた**整数**，整数と整数の比で定義された**有理数**，さらに有理数と無理数を合わせた**実数**へと広がっていきました。そして，16世紀にようやくたどりついたのが**虚数**でした。実数と虚数を合わせた数が，ガウスが命名した**複素数**です。

実数は**数直線**であらわせて，そこに虚数を加えた複素数は**複素平面**であらわせるんでしたね。

その通りです。
実数は数直線上にあるので，**直線的な広がり**をもちます。
そして複素数へと拡張されたことで数は**平面的な広がり**をもつようになったわけです。

それじゃあ，**空間的な広がり**をもつように数の世界をさらに拡張することはできないんでしょうか？

天才的な発想ですね！
実際に，複素数をこえた数の世界を考えた人物がいます。
それがアイルランド生まれの数学者**ウィリアム・ローアン・ハミルトン**（1805～1865）です。
ハミルトンは，複素数に**第２の虚数**を加えて，１個の実数と２個の虚数からなる新しい数，いってみれば**三元数**をつくろうとしたんです！

第2の虚数!? すごいなぁ！
三元数はうまくいったんですか？

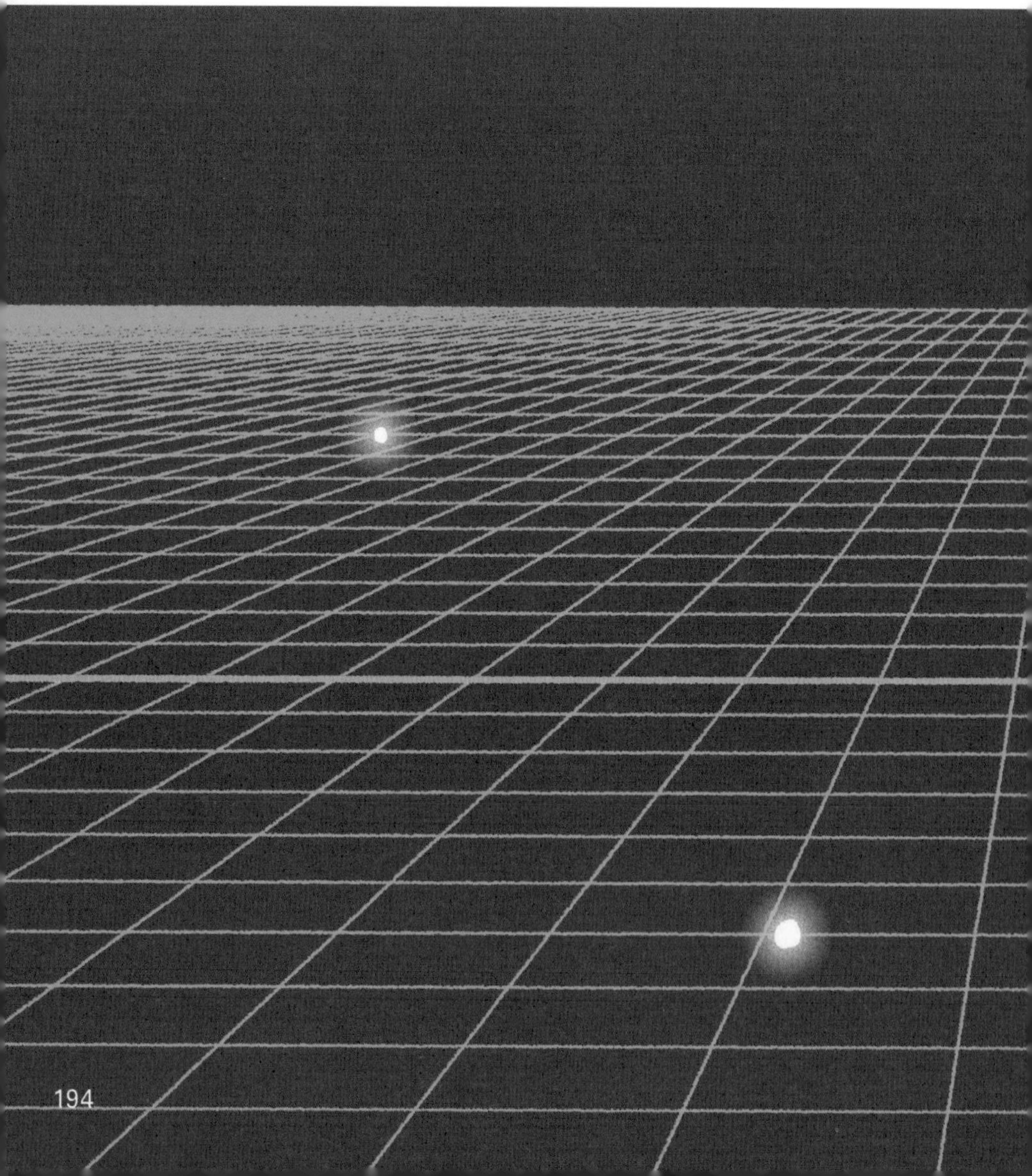

いいえ，うまくいきませんでした。

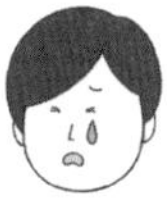

残念です。

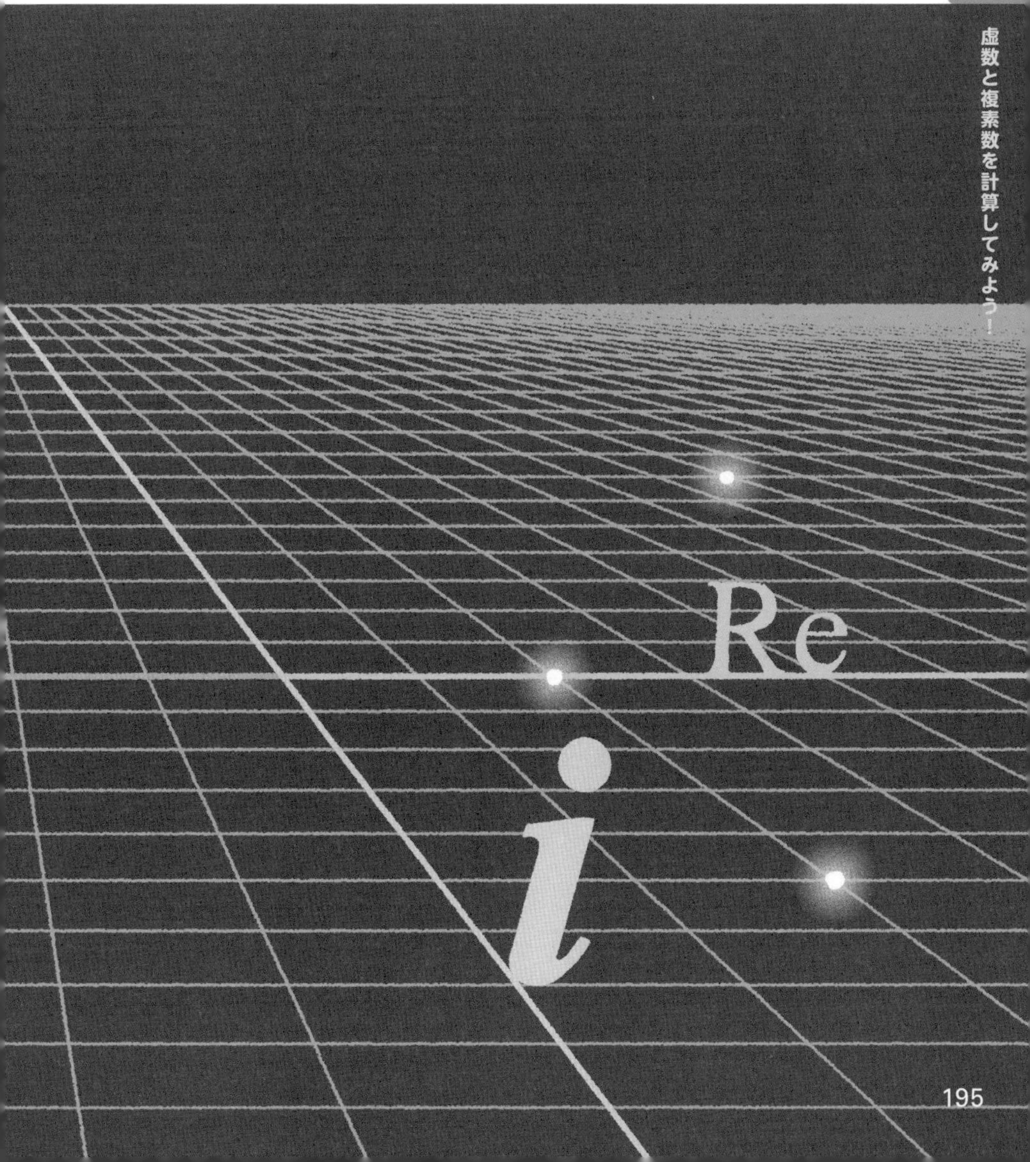

ところが！
三元数にさらに**第3の虚数**を加えれば，四則演算（足し算，引き算，かけ算，割り算）が可能な新しい数ができることにハミルトンは気づきました。こうして生まれたのが，**1個の実数**と**3個の虚数**からなる新しい数，**四元数**（クォータニオン）です。

しげんすう？

四元数は，4個の要素をもつ**超複素数**です。
四元数がもつ3個の虚数はそれぞれ i，j，k の記号であらわされます。i と j と k は，いずれも**2乗すればマイナス1**になる虚数であり，さらに $i \times j \times k = -1$ などの規則がなりたちます。

すっごく難解そうです……。
現在でも，四元数は活躍しているんでしょうか？

はい，**素粒子物理学**の一分野や，ロケット・人工衛星の**姿勢制御技術**，ゲームなどの**3Dグラフィック**などで，四元数が活用されています。

おぉ！　すごい！

ただし四元数には，実数や複素数とはことなる，**特殊な性質**があります。実数や複素数は，かけ算の順番を入れかえても答は変わりません（かけ算の交換法則）。
ところが，四元数はこの法則がなりたたないんです。

四元数ではかけ算の順番を入れ替えられない，ということでしょうか？

その通りです。
それから，四元数は，n 次方程式が解をもつために必要不可欠な数というわけではありません。**どのような n 次方程式でも，複素数の範囲に必ず解をもちます。そのため，四元数をもちだす必要はありません。**
そのため今のところ，複素数こそが，自然数からはじまった「数の拡張」という長い旅路の終着駅だといえるでしょうね。

ひとまず
複素数がゴールなんですね！

複素平面を使って，お宝探しをしよう

それでは，この2時間目の最後に複素平面を使う**面白い問題**に一つ挑戦してみましょう。

も，問題ですか……。

はい。ビッグバン宇宙論の創始者の一人として知られる物理学者，**ジョージ・ガモフ**（1904 ～ 1968）が，複素数の計算の重要さを強調するために取り上げた問題を，表現を少し変えて考えましょう。

ジョージ・ガモフ
（1904~1968）

問題

無人島に，宝が埋まっている。その宝のありかを示した古文書を，ある若者が手に入れた。

古文書には，次のように書いてあった。

島には，裏切り者を処刑するための絞首台と，1本の樫の木，そして1本の松の木がある。

まず，絞首台の前に立ち，樫の木に向かって歩数を数えながらまっすぐ歩け。樫の木にぶつかったら，直角に右へと曲がり，同じ歩数だけ歩いたらそこに第一の杭を打て。絞首台にもどり，今度は松の木に向かって歩数を数えながらまっすぐ歩け。松の木にぶつかったら，直角に左へ曲がり，同じ歩数だけ歩いたらそこに第二の杭を打て。宝は，第一の杭と第二の杭の中間点に埋めてある。

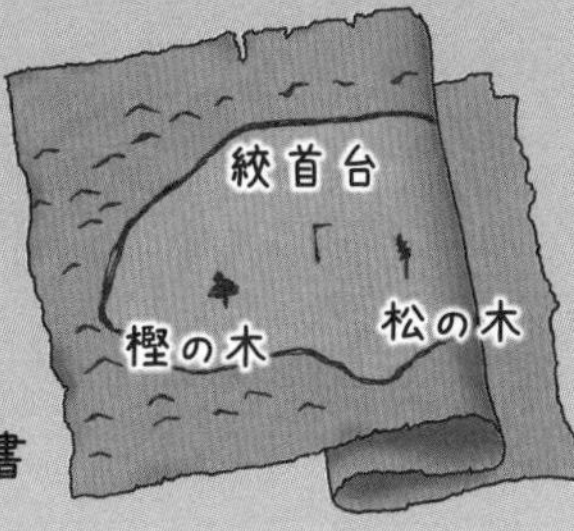

古文書

若者は島へ行ってみたが，松の木と樫の木はあったものの，肝心の絞首台が見つからない。どうやら，朽ち果ててなくなってしまったようだ。しかたがないので若者はでたらめに掘ったが，宝は見つからない。若者はあきらめて島をあとにした。

だがもし，この若者が複素平面を知っていたなら，絞首台の場所がわからなくても，宝のありかを見つけることができたはずである。さて，宝はどこにあるだろうか？

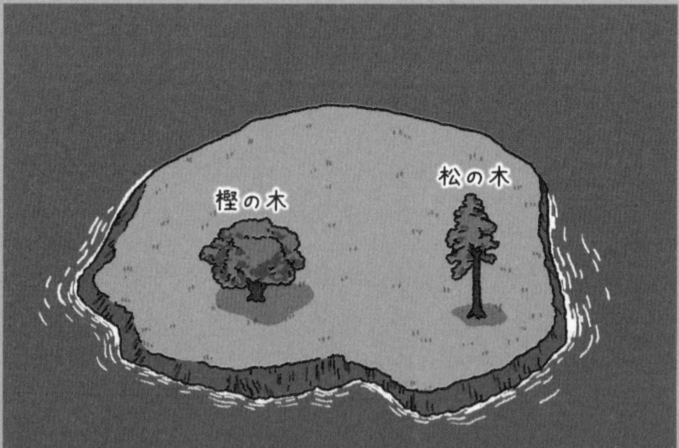

はい，紙と鉛筆をもって**宝の場所**を探しあててください！

えーっ！
絞首台がなくなっているのなら，探しようがないと思います！

いいえ，問題にもあるとおり，**複素平面**をうまくつかえば，お宝を探しあてることができるんです。
実は，複素平面をもちださなくても，この問題を解くことはできるのですが，ガモフは複素平面を使った解き方を紹介しているので，ここでも複素平面を使って解いてみてください。

むずかしすぎです!!
いったいどうやって複素平面を使うんですか？

じゃあヒントを。
樫の木の位置が**実数の－1**，松の木の位置が**実数の1**となるような**複素平面**を考えます。これは，考えやすくするために，仮に決めただけです。その上で，宝のありかがどんな複素数に対応するかを計算で求めていくんです。必要な計算は**複素数の足し算・引き算**と，**i のかけ算**だけですよ。

考えてみます。

……

……

さっぱりわかりません。

お手上げです。

しょうがないですね。

では解き方を解説しましょう。この問題を解くには次の**三つの手順**を踏みます。

第1ステップ：問題の舞台となる複素平面を設定する

第2ステップ：複素平面上で第一の杭，第二の杭の場所を指定する

第3ステップ：第一の杭と第二の杭の中間点を指す複素数を求める

ぎぇー!!

む，むずすぎる！

丁寧にいきますから大丈夫ですよ。

まずは**第1ステップ**です。古文書を読みながら，下の①〜④の通りに問題の舞台となる複素平面を設定します。

島には，裏切り者を処刑するための絞首台と，1本の樫の木，そして1本の松の木がある。

まず，絞首台の前に立ち，樫の木に向かって歩数を数えながらまっすぐ歩け。樫の木にぶつかったら，直角に右へと曲がり，同じ歩数だけ歩いたらそこに第一の杭を打て。絞首台にもどり，今度は松の木に向かって歩数を数えながらまっすぐ歩け。松の木にぶつかったら，直角に左へ曲がり，同じ歩数だけ歩いたらそこに第二の杭を打て。宝は，第一の杭と第二の杭の中間点に埋めてある。

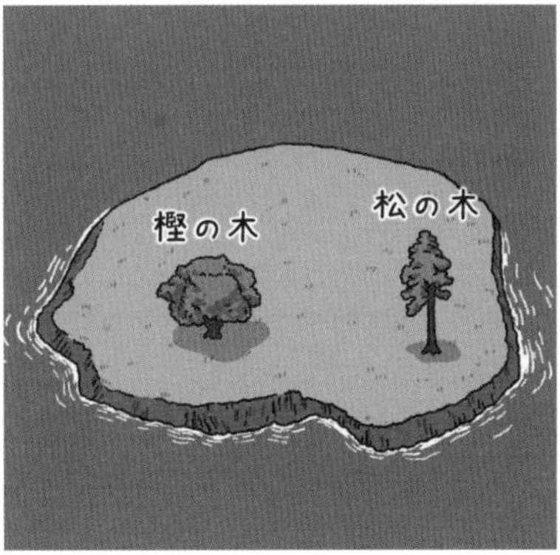

第1ステップ

①樫の木と松の木の両方を通る直線を引き，これを実軸とします。

②樫の木と松の木の中間点をとり，これを複素平面の原点とします。
また原点を通り，実軸に垂直な直線を引いて，これを虚軸とします。

③松の木の座標を実数の1，樫の木の座標を実数の−1とします。

④スタート地点（絞首台）の位置は不明ですが，ひとまず複素数Sとして，適当な位置に置きます。

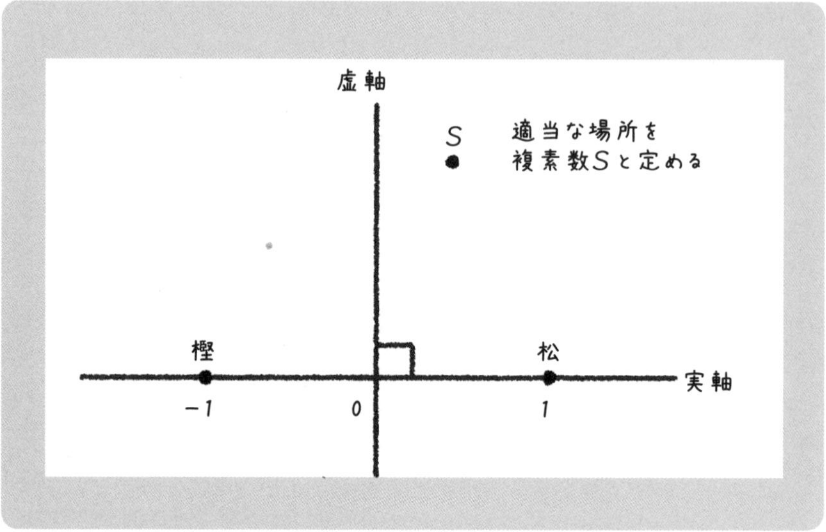

これで，問題を解く舞台が整いました。

④で絞首台の位置は適当に決めて大丈夫ですか？
実際に昔，絞首台があった位置とはちがいますよね。

ひとまず，今は**仮の位置**で大丈夫です。
さて，第1ステップは完了です。次に第一の杭と第二の杭の場所を決める**第2ステップ**です。記号がたくさん出てきて大変ですが，がんばってついてきてください。

はぃ……。

古文書の次の文をもとに，**第一の杭**の位置を求めます。

島には，裏切り者を処刑するための絞首台と，1本の樫の木，そして1本の松の木がある。

まず，絞首台の前に立ち，樫の木に向かって歩数を数えながらまっすぐ歩け。樫の木にぶつかったら，直角に右へと曲がり，同じ歩数だけ歩いたらそこに第一の杭を打て。絞首台にもどり，今度は松の木に向かって歩数を数えながらまっすぐ歩け。松の木にぶつかったら，直角に左へ曲がり，同じ歩数だけ歩いたらそこに第二の杭を打て。宝は，第一の杭と第二の杭の中間点に埋めてある。

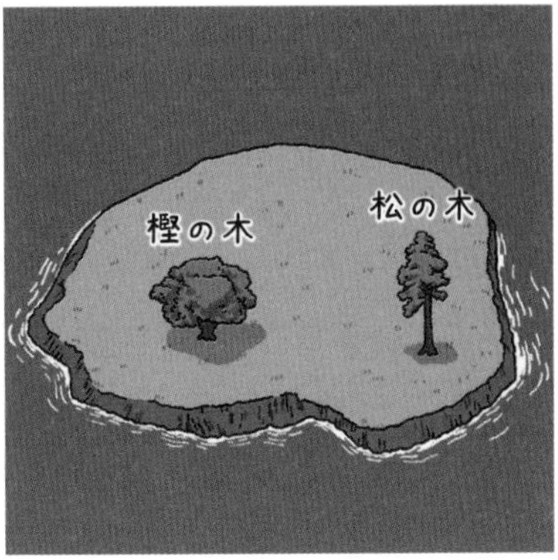

第一の杭の場所を複素数であらわすのが目標です。
そのために まず，絞首台Sから樫の木に向かう矢印を考えます。
複素数の引き算を思い出すと，この矢印は「樫の木－絞首台」すなわち－1－Sとあらわせます。

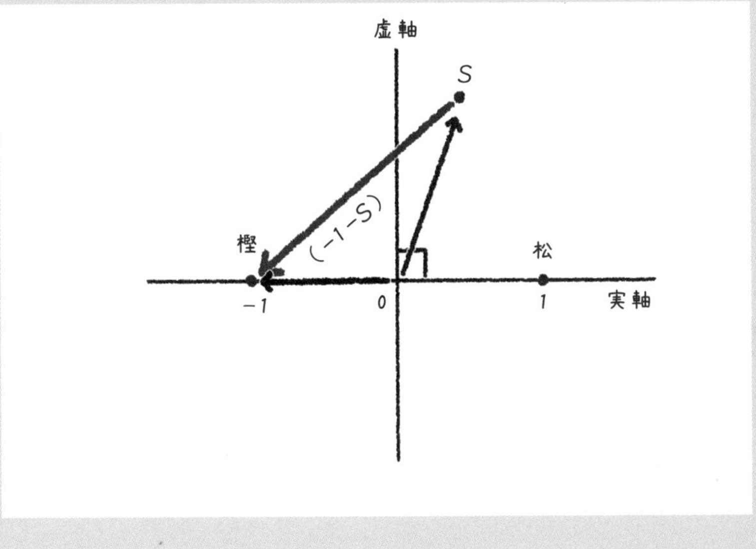

次に古文書をもとに，**樫から第一の杭へ向かう矢印**を考えます。第一の杭をあらわす複素数をK_1とします。

島には，裏切り者を処刑するための絞首台と，1本の樫の木，そして1本の松の木がある。

まず，絞首台の前に立ち，樫の木に向かって歩数を数えながらまっすぐ歩け。樫の木にぶつかったら，直角に右へと曲がり，同じ歩数だけ歩いたらそこに第一の杭を打て。絞首台にもどり，今度は松の木に向かって歩数を数えながらまっすぐ歩け。松の木にぶつかったら，直角に左へ曲がり，同じ歩数だけ歩いたらそこに第二の杭を打て。宝は，第一の杭と第二の杭の中間点に埋めてある。

樫から第一の杭へ向かう矢印は，「Sから樫に向かう矢印」を，始点が樫にくるように平行移動し，さらにそれを時計まわりに90°回転したものです。（次のページの図）
矢印は，平行移動しても同じ矢印とみなすことにしています。また，前に説明したように，反時計まわりの90°の回転はiのかけ算と考えられます。
同じように考えると，時計まわりの90°の回転は$(-i)$のかけ算と考えられます。
したがって，**樫から第一の杭K_1へ向かう矢印**は，複素数$(-1-S)\times(-i)$となります。

ひいい～！　とても宝を探しだせる気がしない。

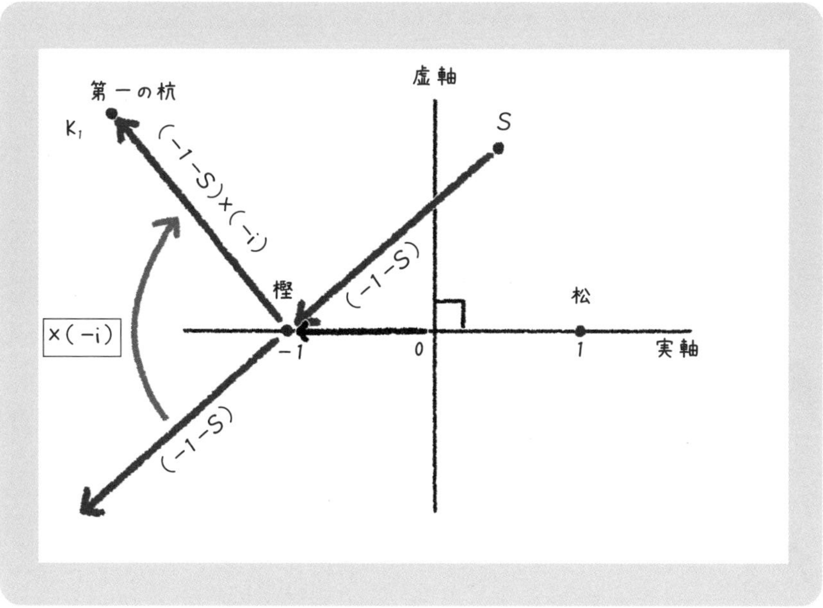

さらに**原点からK$_1$に向かう矢印**，すなわち**複素数K$_1$の値**を考えます。

これは，（原点から樫への矢印）＋（樫からK$_1$への矢印）と考えられます。したがって次のように計算できます。

$$
\begin{aligned}
K_1 &= -1 + (-1 - S) \times (-i) \\
&= -1 + i + iS
\end{aligned}
$$

これは，原点を基準として第一の杭までの行き方を求めた，すなわち，第一の杭の位置を複素数であらわしたわけです。
古文書では，二つの杭への行き方が，それぞれ別個に松の木，樫の木を出発点にした書き方になっているので，出発点を原点にそろえて求めればわかりやすいというわけで，それを複素数の計算になおして考えています。

いやー，めっちゃむずい！
とにかく原点から見た第一の杭の場所は$-1+i+iS$ということですね。

その通りです。
次に古文書をもとに，原点から見た第二の杭の場所を求めます。

島には，裏切り者を処刑するための絞首台と，1本の樫の木，そして1本の松の木がある。
まず，絞首台の前に立ち，樫の木に向かって歩数を数えながらまっすぐ歩け。樫の木にぶつかったら，直角に右へと曲がり，同じ歩数だけ歩いたらそこに第一の杭を打て。絞首台にもどり，今度は松の木に向かって歩数を数えながらまっすぐ歩け。松の木にぶつかったら，直角に左へ曲がり，同じ歩数だけ歩いたらそこに第二の杭を打て。宝は，第一の杭と第二の杭の中間点に埋めてある。

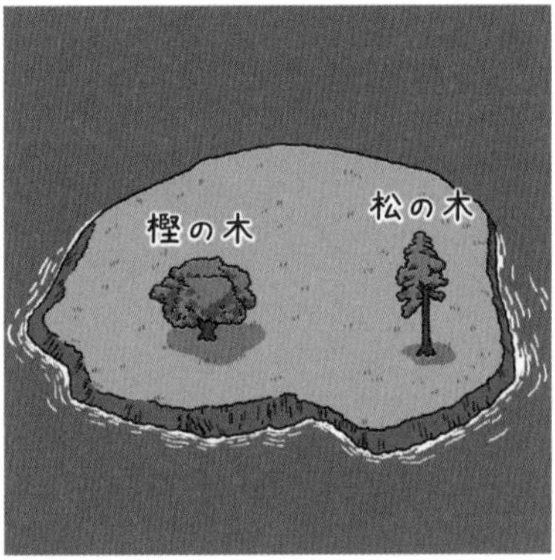

手順は先ほどと同じです。

第二の杭の複素数をK_2とします。

Sから松に向かう矢印は，先ほどと同様に複素数（1－S）と書けます。

また，**「松からK_2へ向かう矢印」は，「Sから松に向かう矢印」を，始点が松にくるように平行移動し，反時計まわりに90°回転したものです。**つまり，松からK_2へ向かう矢印は，（1－S）× i と書けます。

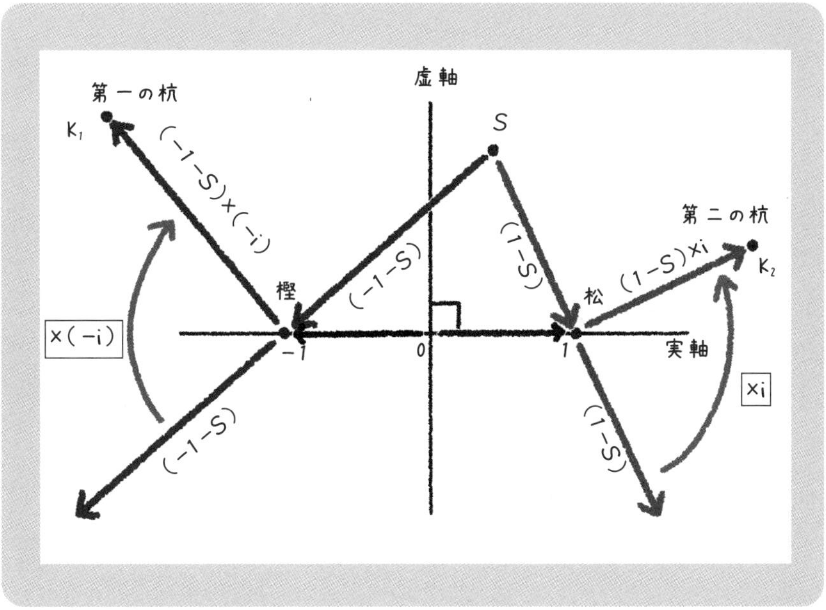

そして，原点からK_2に向かう矢印を考えます。**K_2は，（原点から松への矢印）＋（松からK_2への矢印）と考えられます。**

$$K_2 = 1 + (1 - S) \times i$$
$$= 1 + i - iS$$

これで第一の杭も，第二の杭も両方場所をあらわせたわけですね！

これで第2ステップが完了です。
あとは**第3ステップ**でお宝のありかを求めるだけです。

　島には，裏切り者を処刑するための絞首台と，1本の樫の木，そして1本の松の木がある。
　まず，絞首台の前に立ち，樫の木に向かって歩数を数えながらまっすぐ歩け。樫の木にぶつかったら，直角に右へと曲がり，同じ歩数だけ歩いたらそこに第一の杭を打て。絞首台にもどり，今度は松の木に向かって歩数を数えながらまっすぐ歩け。松の木にぶつかったら，直角に左へ曲がり，同じ歩数だけ歩いたらそこに第二の杭を打て。宝は，第一の杭と第二の杭の中間点に埋めてある。

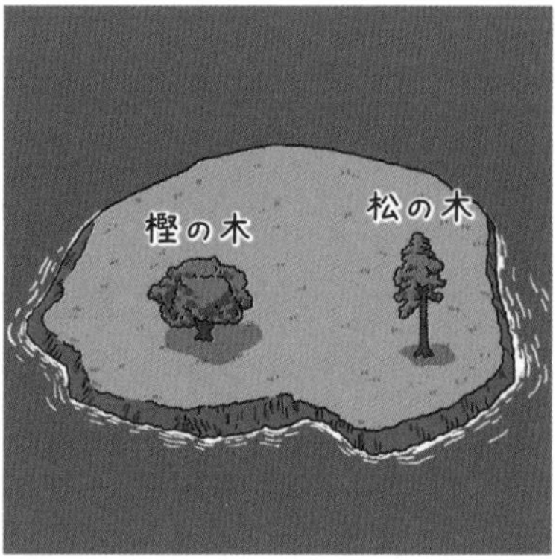

お宝のありかは第一の杭と第二の杭の中間点です。これを図で示してみましょう。

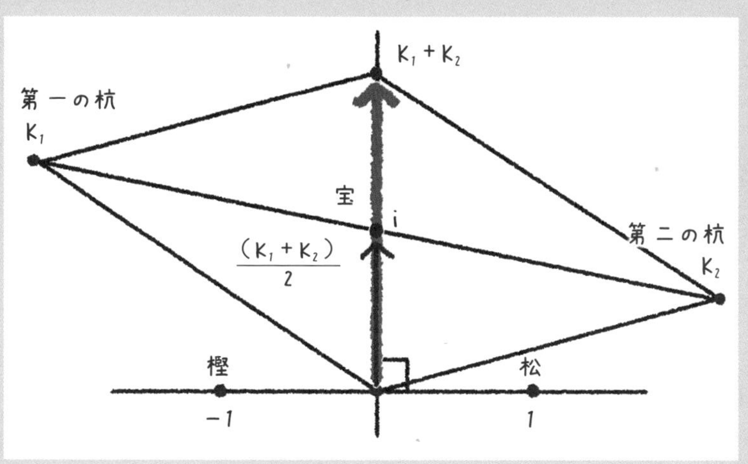

K_1とK_2の中間点は，$(K_1+K_2)\div 2$であらわせます。

$$
\begin{aligned}
&(K_1+K_2)\div 2\\
&=\{(-1+i+iS)+(1+i-iS)\}\div 2\\
&=i
\end{aligned}
$$

というわけで，虚数単位$\boldsymbol{i}$の位置が宝のありかです。

虚数単位$\boldsymbol{i}$の位置？

そうです。つまり，**松の木から樫の木まで向かい，ちょうど中間点で直角に右へ曲がり，松の木から中間点までと同じ距離を歩いたところを掘れば，お宝がみつかるというわけです。**

おっしゃーお宝だー！
でも，あれ？　おかしいな。
問題のはじめに絞首台の位置がわからずに適当に置いたはずですけど，なぜ宝の位置がわかったんでしょうか？

絞首台の位置を複素数Sとおきましたよね。
でも計算をすると最終的に複素数Sは消えるので，絞首台の位置は宝の場所に関係なかったんです。
ですから若者は，どこでもよいから今立っている場所から古文書の指示通りに歩けばよかったんです。

え～？　そんなのあり～？

このように複素平面を使うと，回転などの数学的な処理が簡単になるため，幾何学の問題などで活躍するんですよ。
ところで，ここでは樫の木，松の木の座標をそれぞれ−1，1としました。**これを，勝手な複素数で置きかえても宝の場所は同じように求めることができるんですよ。**興味のある場合には，ついてきてください。わかりにくければ、この部分は飛ばしてもかまいませんよ。

は，はい，ひとまずがんばります。

複素数であらわすとして，樫の木，松の木の座標をそれぞれ$\boldsymbol{a}$，$\boldsymbol{b}$，絞首台の座標を$\boldsymbol{z}$としましょう。90°の反時計まわりの回転は$\boldsymbol{i}$のかけ算であることなどを使うと，第一の杭の座標は$-\boldsymbol{i}(\boldsymbol{a}-\boldsymbol{z})+\boldsymbol{a}$，第二の杭の座標は$\boldsymbol{i}(\boldsymbol{b}-\boldsymbol{z})+\boldsymbol{b}$となります。

これら二つの杭の中間点は実部，虚部が中間点になるような複素数であらわされます。したがって，

$$
\begin{aligned}
&= \frac{1}{2}\left[\{-i(a-z)+a\}+\{i(b-z)+b\}\right] \\
&= \frac{a+b}{2}+\frac{b-a}{2}i
\end{aligned}
$$

これが宝の位置をあらわす複素数です。複素平面で考えると，松の木からこの複素数への行き方は，樫の木，松の木が−1，1の場合にすでに求めた方法と同じです。余力があれば，実際に計算して，図にえがいて考えてみてください。

3

時間目

現代科学と虚数

STEP 1

世界一美しいオイラーの等式

天才数学者のオイラーは，「e」と「π」という，一見まったく無関係な数が，虚数を介することで固く結びつくことを発見しました。この関係は，波を解析する際などに活躍しています。

指数関数と三角関数を結びつけるオイラーの公式

虚数を深く研究したスイスの天才数学者**オイラー**は，虚数が主役を演じる重要な公式を発見しました。
それが，**オイラーの公式**です。

オイラーの公式

$$e^{ix} = \cos x + i\sin x$$

ぎゃー！
意味不明な文字ばっかり！

この公式は，**波**と**虚数**を結びつける超重要な公式なんです。**さまざまな波について調べるときに重宝する公式なんですよ。**
オイラーの公式に出てくるiはもうわかりますよね。まずはこの式の登場人物である，eと$\cos$，$\sin$についてお話ししましょう。

はい，iは虚数単位のことですよね。

OKです！
ではまずeです。これは，**ネイピア数**または**自然対数の底**とよばれる数です。
eは，2.71828182845904……と，小数点以下が，循環することなく無限につづく**無理数**なんです。

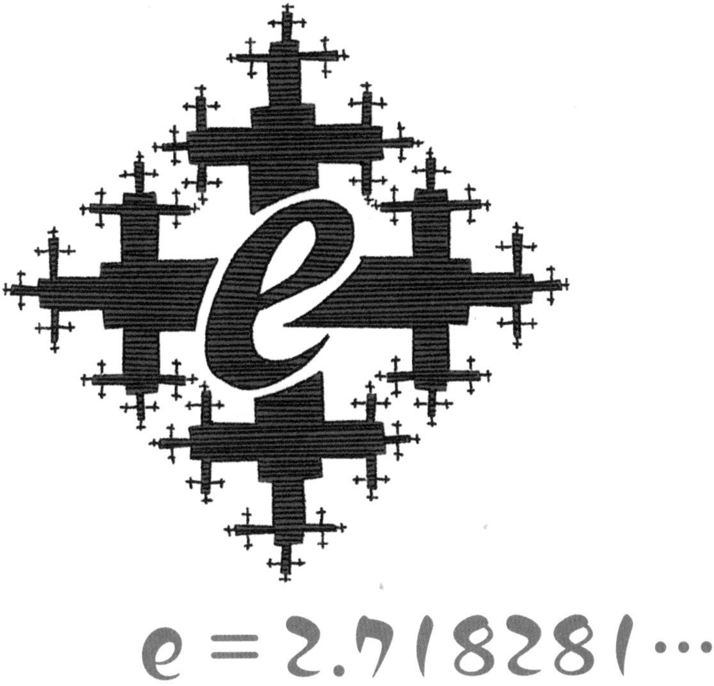

ふむふむ。
3よりも少し小さい数なんですね。

ええ。ちなみに語呂合わせで覚えることもできます。
「フナ一羽二羽一羽二羽しごく惜しい」。

笑

この数は，預金額を計算するための$\left(1+\frac{1}{n}\right)^n$という式から生まれました。

ぐぎゃー，複雑な数式！
どういう意味なんですか？

たとえば，3か月（$\frac{1}{4}$年）ごとに，元金の$\frac{1}{4}$の利息がつくことを考えます。すると，1年後の預金額は，$\left(1+\frac{1}{4}\right)^4$倍になります。

同じように，$\frac{1}{n}$ 年ごとに元金の $\frac{1}{n}$ の利息がつくことを考えます。すると，1年後の預金額は，先ほどの $\left(1+\frac{1}{n}\right)^n$ 倍になります。

うーん……。

そして，$\left(1+\frac{1}{n}\right)^n$ の式の n が大きくなる（利息がつくまでの期間が短くなる）と，この式の値は徐々に 2.718281……という数に行きつきます。
これが，e なんです。

よくわからないけど，ともかく e は預金額を計算するための式と関連している値なんですね。

そうです。ここでは，その理解で十分です！
では，次，cos と sin に行きましょう！
この二つは**三角関数**とよばれるものです。

三角関数？
なんですか，それ？

三角関数は直角三角形の角度と辺の関係から発展してきたものです。θ にはいろんな角度を入れることができて，θ が決まると，$\sin\theta$ や $\cos\theta$ の値が決まります。

うーん……$\sin\theta$や$\cos\theta$の値？
どうやって決まっているんですか？

次の図のように，xy座標平面に原点を中心とした半径1の円をえがきます。
そして，（1，0）の点から円にそって，角度θだけ，点を反時計まわりに移動させます。そのときのy座標を$\sin\theta$，x座標を$\cos\theta$と定めます。
この角θを，移動した点の**偏角**とよびます。偏角という言葉は2時間目でも出てきましたね。あとで複素数の極形式のところで説明しますが，これは複素数の偏角と同じものになります。

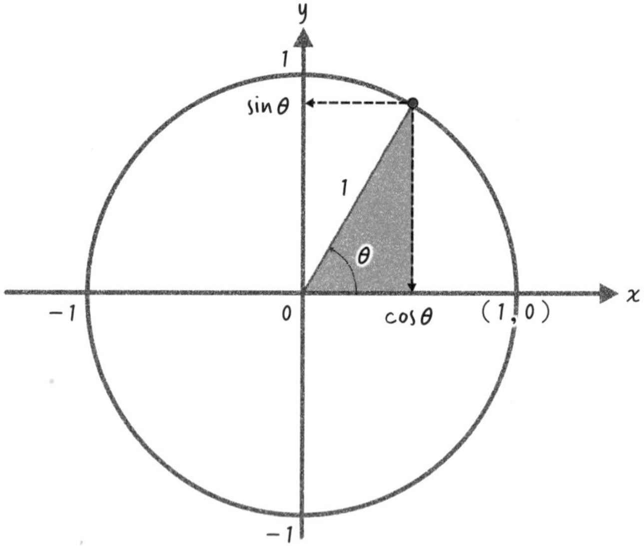

たとえば，$\theta = 30°$のときは$\sin\theta$と$\cos\theta$は次のような値をとります。

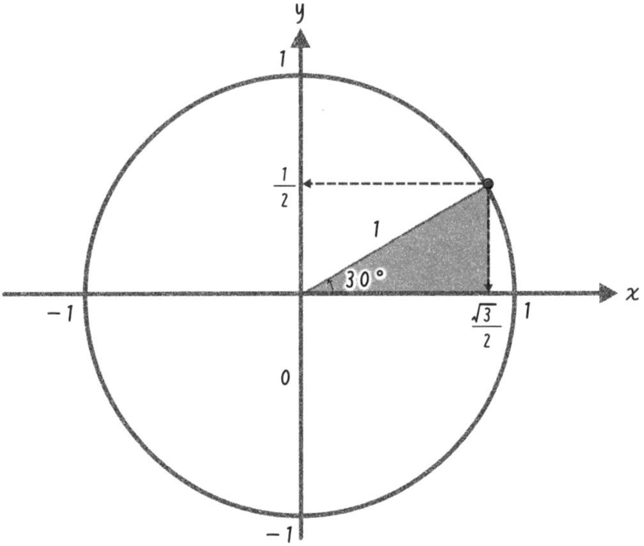

$$\sin 30° = \frac{1}{2}$$

$$\cos 30° = \frac{\sqrt{3}}{2}$$

ふぅーむ……
sin θは半径１の円上の点の$\boldsymbol{y}$座標の値に，**cos** θの値は$\boldsymbol{x}$座標の値に対応しているわけですね。

ええ。
さて，ここで少しむずかしいかもしれませんが，角度のあらわしかたについて，少し説明しましょう。

日常の中では，「30°」のように角度を度数であらわすことが多いと思います。これを**度数法**といます。
でも，数学の世界では，度数法のかわりに，**弧度法**という角度のあらわしかたがより一般的に使われます。

こどほう，またむずかしそうなものが……。

弧度法とは，角度の大きさを，その角度を中心角にもつ半径1の円弧の長さと対応をさせてあらわす方法です。

ぎゃー，むずかしい！
どういうことですか？

たとえば，**360°**の場合を考えます。中心角360°の円弧とは，すなわち円周のことです。半径1の円周の長さは，円周率πを使うと，直径×π＝2πとあらわせます。
ですから360°を弧度法では**2π**とあらわすんです。弧度法であらわす場合には，°のような単位はつけません。ですので，2πです。念のため。

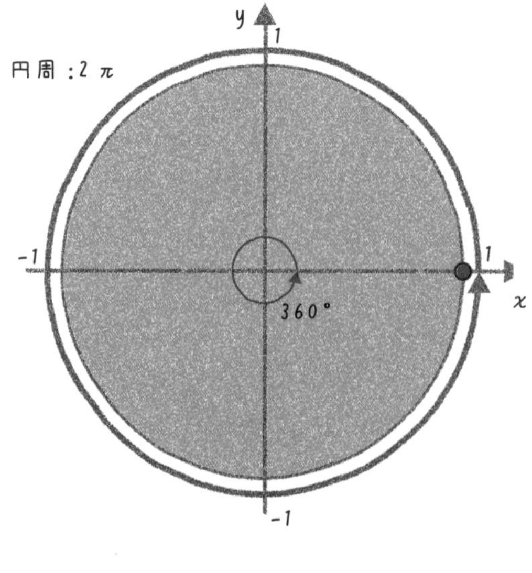

うーん……。じゃあ，**90°**は？

90°の円弧の長さは，360°のときの円周の長さ（2π）の$\frac{90}{360}=\frac{1}{4}$ですね。
ですから，90°は$2\pi\times\frac{1}{4}=\frac{\pi}{2}$です。

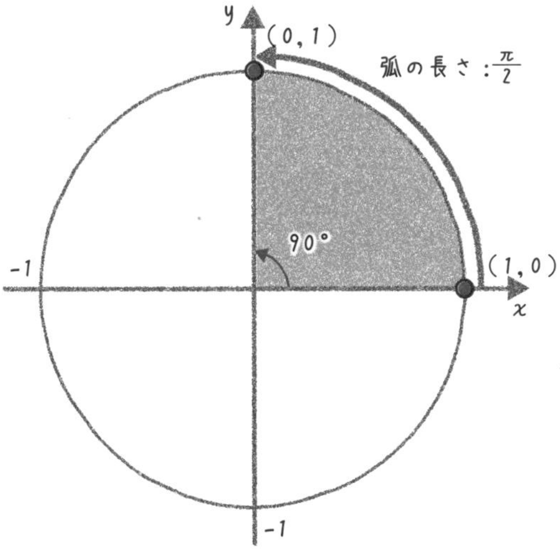

同じように60°であれば，$2\pi\times\frac{60}{360}=\frac{\pi}{3}$。
30°であれば，$2\pi\times\frac{30}{360}=\frac{\pi}{6}$です。
このように，**度数法であらわした角度を弧度法に変換するときは，度数法の角度を360°で割って，2πをかければいいわけです。**
30°は，弧度法で$\frac{\pi}{6}$ですから，先ほどの30°のsin，cosの値を弧度法であらわすと$\sin\frac{\pi}{6}=\frac{1}{2}$，$\cos\frac{\pi}{6}=\frac{\sqrt{3}}{2}$となります。

うーん，なんとなくわかりました……。

ここで，さらに次のような約束もします。
反時計まわりの回転を考えましたが，**時計まわりに回転する場合には角度にマイナスをつけます。**
例えば223ページの図で点（1，0）から点（0，1）に到達するやりかたは一通りではありません。反時計まわりに$\frac{\pi}{2}$（90°）回転するだけではなく，時計まわりに$\frac{3\pi}{2}$（270°）回転しても到達できますね。

ふむふむ。時計まわりでも，反時計まわりでも（1，0）から（0，1）にたどりつけるわけですね。

ですのでマイナスをつけて，この偏角は$-\frac{3\pi}{2}$であるといってもよいのです。**$\frac{\pi}{2}$と$-\frac{3\pi}{2}$は偏角として区別せずに同じものと考えます。**つまり，図形でみた角度が弧度法で一通りにあらわせるとは限らないわけです。

そっか，図形で同じ角度をあらわすのにも複数のあらわしかたがあるんですね。

ええ。また，この場合，（1，0）から反時計まわり，または時計まわりに何周かして（0，1）に到達しても結果は同じですね。反時計まわりに1周したあとでなら，$2\pi+\frac{\pi}{2}$となります。
一般にnを勝手な整数として，$2\pi n+\frac{\pi}{2}$であれば同じ（0，1）に対応します。このように，弧度法では値がすべての実数をとるようにしてあります。そうしておくと，これから述べるような指数関数との関連の説明が見やすくなるのです。

ちょっと三角関数の話から脱線しましたね。
ともかく以降は，弧度法の角度で話を進めるので，覚えておいてください。
それじゃあ，**sin** θ と **cos** θ にもどりましょう。
これを**グラフ**にえがくと，面白いんですよ。

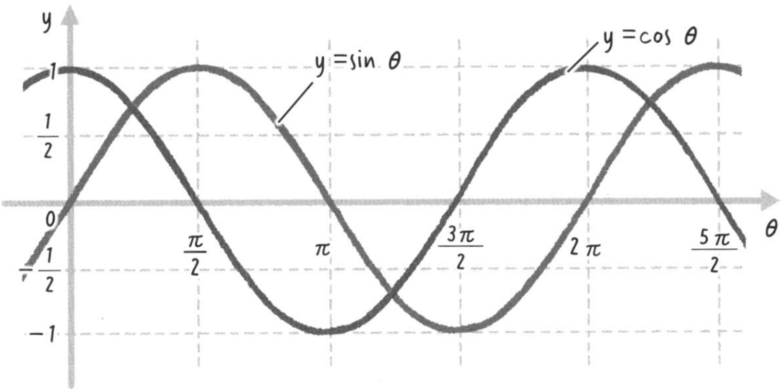

おっ，波だ！

そうなんです。三角関数をグラフにすると，波をえがくんです。**三角関数は波や振動をあつかうときに必須の道具なんですよ。**この本では三角関数をくわしくあつかわないので，とにかく**sin**や**cos**をグラフにすると，波をえがくということだけ理解しておいてもらえればOKです

三角関数と波は深い関係っと。

これで，オイラーの公式の登場人物がそろいました。
オイラーは，「**無限級数**」と関連して，$\boldsymbol{e}$ と $\boldsymbol{i}$，そして三角関数を結びつけるオイラーの公式を発見したのです。

むげんきゅうすう？

「無限級数」というのは，「$\frac{1}{2}$，$\frac{1}{4}$，$\frac{1}{8}$，$\frac{1}{16}$ ……」などのように，ある規則をもって無限につづく数の列（この場合は順に半分にしていってできる数の列）を，足しあわせて定まる数のことです。無限に並んでいる数を足していくので意味づけをきちんとする必要がありますが，ここでは細かいことは省略します。

オイラーは，e^xや三角関数$\sin x$，$\cos x$などが，次のような無限級数であらわせることを発見しました。

指数関数 e^x

$$= 1 + \frac{x}{1!} + \frac{x^2}{2!} + \frac{x^3}{3!} + \frac{x^4}{4!} + \cdots$$

三角関数 $\sin x$

$$= \frac{x}{1!} - \frac{x^3}{3!} + \frac{x^5}{5!} - \frac{x^7}{7!} + \cdots$$

三角関数 $\cos x$

$$= 1 - \frac{x^2}{2!} + \frac{x^4}{4!} - \frac{x^6}{6!} + \frac{x^8}{8!} - \cdots$$

この式の意味について，たとえば指数関数e^xについては次のように考えます。
xを勝手な値としたときに1，$1+\frac{x}{1!}$，$1+\frac{x}{1!}+\frac{x^2}{2!}$，$1+\frac{x}{1!}+\frac{x^2}{2!}+\frac{x^3}{3!}$……のように数の列をつくっていくときそれが$e^x$であらわされる値に限りなく近づくという意味です。

式の中に！があるんですけど。
これは何をあらわしているんですか？

あぁ，説明していませんでしたね。
「！」は，数学の記号です。3！＝1×2×3，5！＝1×2×3×4×5のように，「！」は，1から「！」のついた数までの自然数のかけ算をあらわします。

へぇー。数学ではそんな使い方されてるんですね。
それで，これらの無限級数がオイラーの公式にどのように結びつくんでしょうか？

先ほどのe^xのxにixを代入してみます。
すなわちeを虚数乗するんです。

きょすうじょう！

はい。そして，$i^2=-1$，$i^3=-i$，$i^4=1$などのiの計算に注意して計算すると，次ページのようになります。

指数関数 e^{x} の x に「ix（虚数倍した x）」を代入する

$$e^{ix} = 1 + \frac{ix}{1!} + \frac{(ix)^2}{2!} + \frac{(ix)^3}{3!} + \frac{(ix)^4}{4!} + \frac{(ix)^5}{5!} + \cdots$$

$$= 1 + \frac{ix}{1!} - \frac{x^2}{2!} - \frac{ix^3}{3!} + \frac{x^4}{4!} + \frac{ix^5}{5!} + \cdots$$

$$= \left(1 - \frac{x^2}{2!} + \frac{x^4}{4!} - \cdots\right)$$

$$+ i\left(\frac{x}{1!} - \frac{x^3}{3!} + \frac{x^5}{5!} - \cdots\right)$$

ここでの計算では，足す順番を変えたりしています。有限の数を足す場合とちがって，無限級数についてはいろいろと注意が必要で，きちんと確かめたうえでこのようなことをしないといけないのですが，ここでは省略して足す順番は自由に変えてもよいとして話を進めています。さて，この式と，226ページの**sin** x，**cos** x を見比べると，何か気づきませんか？

えーっと。**あっ！**
グレーの部分は**cos** x と同じになります。そして，赤い部分は**sin** x と同じになります。

そうなんです！

グレーの部分は $\cos x$ と同じ，赤い部分は $\sin x$ と同じ。つまり，$e^{ix}=\cos x+i\sin x$ となるんです。これがオイラーの公式です。

オイラーの公式は，指数関数と三角関数という生まれもグラフの形もまったくことなるものどうしを，i をかけ橋にして結びつけているわけですね。

$$e^{ix}=\cos x+i\sin x$$

ようやくオイラーの公式にたどりつきました〜。

この公式によって，虚数の指数関数である e^{ix} を，三角関数 $\cos x$ と $\sin x$ で書きあらわすことができるようになりました。

こうして，実数の世界ではたがいに無関係だった指数関数と三角関数が，虚数を含む複素数の世界では，固く結ばれていることがわかったのです。

世界一美しいオイラーの等式

さて，次は，世界一美しいといわれる**オイラーの等式**を導きましょう！

ま，まだ先があるんですか！？

もうあとワンステップですから，がんばってください！
先ほどのオイラーの公式のxに**円周率**πを代入します。
三角関数のグラフから，$\cos\pi=-1$，$\sin\pi=0$とわかります。これを先ほどの式に代入して整理しましょう。

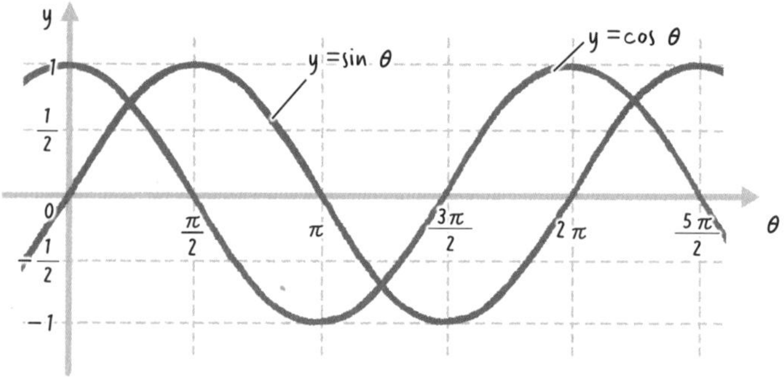

$$e^{i\pi}=\cos\pi+i\sin\pi$$

$\cos\pi=-1$，$\sin\pi=0$ なので

$$e^{i\pi}=-1+0$$

$$e^{i\pi}+1=0$$

これこそ，オイラーの等式です。

オイラーの等式

$$e^{i\pi} + 1 = 0$$

とってもシンプルになりましたね。
この式は何がすごいんですか？

この式は，**自然対数の底 e**，**虚数単位 i**，そして**円周率 π** という一見するとまったく関係のなさそうな，でもそれぞれに重要な数の間に，シンプルな関係性があることを明らかにした式です。
不思議で神秘的ともいえる関係性に，科学者や数学者の多くが“美しさ”を感じています。

生まれも育ちもまったくちがう数たちが，オイラーの等式によって結びつけられたんですね！
素晴らしい！

e

π

i

波の解析にオイラーの公式が欠かせない

さて，先に紹介したオイラーの公式の重要性について，少しだけ追加して説明しましょう。先ほど，**波や振動の解析**に三角関数が必須だというお話をしましたね。

はい。**sin**や**cos**をグラフにえがくと，**波**をえがくんでしたね。

ええ。そうです。
この自然界は，波や振動現象であふれています。
私たちが感じる光や音も，携帯電話がやりとりする電磁波も，そして私たち自身を構成する電子などの素粒子も，すべて波や振動の性質をもっています。**自然界は，波や振動が支配しているといっても過言ではありません！**

つまり，三角関数が大活躍と。

その通りです！
でも，三角関数は計算がややこしく，あつかいが**めんどう**な関数でもあります。高校でも，三角関数に関する公式はたっくさん出てきます。

うわぁ大変だ。

一方，指数関数は，あつかいが比較的簡単です。
そこで，三角関数の計算のかわりに，オイラーの公式を使って指数関数で計算すれば，問題が簡単になる場合がたくさんあるんです。

そのため，オイラーの公式は数学者や物理学者にたいへん重宝されているんです。
科学者や技術者は，あたりまえのようにオイラーの公式を使い，虚数を駆使して楽に答を出しています。

たしか虚数をはじめて使ったカルダノさんは，「**虚数に実用上の使い道はない**」とのべたんでしたよね。
ぜんぜん，そんなことはなかったということですね！

そうなんです。
たとえば，発電所から家庭に届く**交流電流**をあつかう際にも虚数は欠かせません。交流電流をグラフにえがくと波の形になります。
だから，電気系の資格をとるときなんかにも，虚数の計算が出てくるんです。

電気をあつかうときにも虚数が登場するわけですね。私たちは毎日，虚数の恩恵にあずかっていたのか。

複素数を三角関数であらわす極形式

さて，せっかく三角関数について簡単に紹介したので，特別大サービスで，複素数の**極形式**というものも紹介しておきますね。

えーっ，まだ新しいことが登場するんですか？
なんですか？　極形式って？

ここまで，複素数は実数a，bを使って$a + bi$とあらわしてきました。
この複素数を別のあらわしかたで表現することもできるんです。それが**極形式**です。

別のあらわしかた？

そうです。
たとえば，ある複素数Aの**偏角を**θ，**絶対値を**rとします。これを複素平面にえがいたのが次のページの図です。
ここでちょっと補足です。複素数の極形式を考える際に，偏角θは，2時間目のように$-\pi < \theta \leqq \pi$（度数法で書けば$-180^\circ < \theta \leqq 180^\circ$）の範囲で考えても，$\theta$を一般の実数の範囲で考えても計算などはまったく同じです。ここでは，偏角は$-\pi < \theta \leqq \pi$でとりあえず考えましょう。
さて，次のページの図を見ると，複素数Aの実軸上の座標は$r\cos\theta$になり，虚軸上の座標は$ir\sin\theta$とあらわすことができることがわかります。

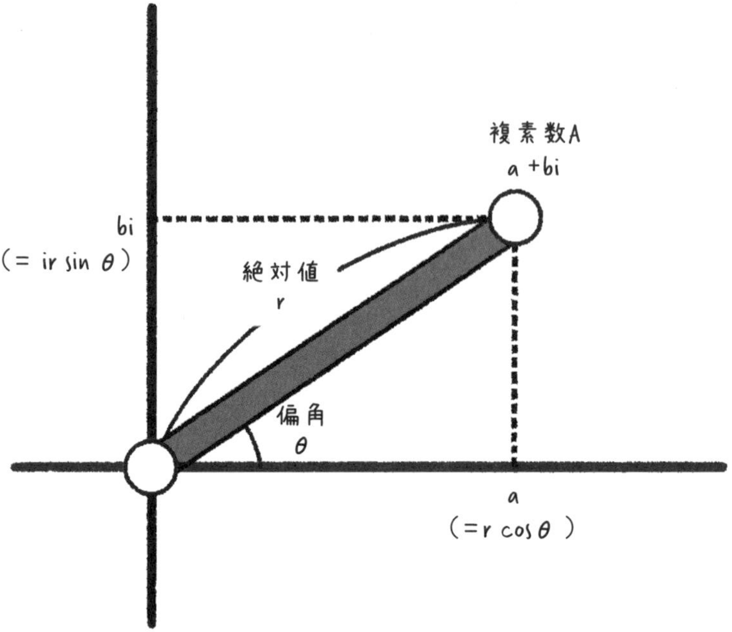

つまり，複素数Aはθとrを使って，次のようにあらわすことができるんです。

複素数A $= a + bi$

$a = r\cos\theta$，$b = r\sin\theta$ とあらわせるので

$$A = r\cos\theta + ir\sin\theta$$

$$= r(\cos\theta + i\sin\theta)$$

オイラーの公式より

$$= re^{i\theta}$$

このように，複素数を$r(\cos\theta+i\sin\theta)$や$re^{i\theta}$の形であらわしたのが，複素数の**極形式**です。偏角θと絶対値rを使って複素数をあらわすわけです。

わざわざ，こんな複雑なあらわしかたをしなくてもよくないですか？
極形式にすることで何か**利点**があるんでしょうか？

極形式を使うと，複素数どうしのかけ算を容易におこなうことができるんです。

複素数どうしのかけ算？

はい。
たとえば，偏角θ_1，絶対値r_1の**複素数A**と，偏角θ_2，絶対値r_2の**複素数B**をかけ合わせる場合を考えます。
$A=r_1e^{i\theta_1}$，$B=r_2e^{i\theta_2}$で，A×Bをやってみるんです。

めっちゃ複雑そう！

いいえ，そんなことはありませんよ。
$A\times B=r_1e^{i\theta_1}\times r_2e^{i\theta_2}=r_1r_2e^{i(\theta_1+\theta_2)}$と簡単に計算できます。
つまりA×Bの答は，偏角が$\theta_1+\theta_2$，絶対値が$r_1\times r_2$の複素数とすればよいのです。

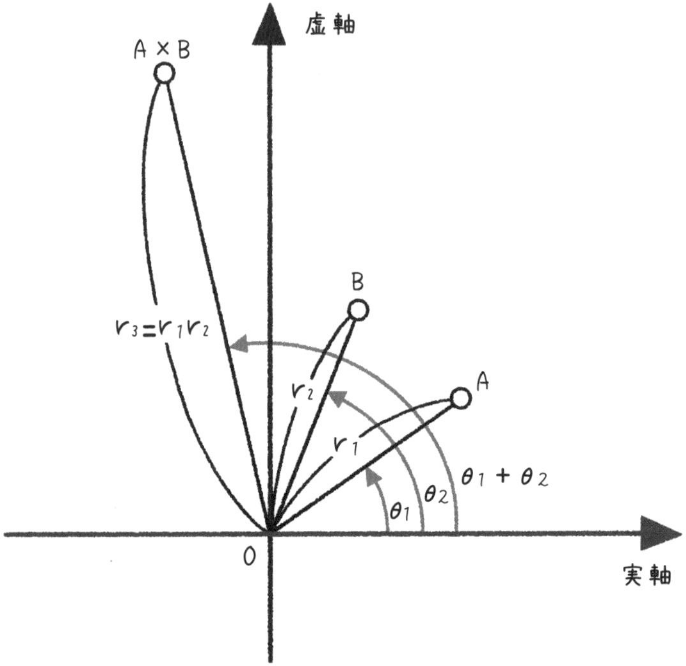

$$A = r_1\ (\cos\theta_1 + i\sin\theta_1)\ = r_1 e^{i\theta_1}$$

$$B = r_2\ (\cos\theta_2 + i\sin\theta_2)\ = r_2 e^{i\theta_2}$$

$$A \times B$$

$$= r_1 e^{i\theta_1} \times r_2 e^{i\theta_2}$$

$$= r_1 r_2\ e^{i\theta_1 + i\theta_2} = r_1 r_2\ e^{i(\theta_1 + \theta_2)}$$

偏角は足し算，絶対値はかけ算になるんですね。

その通りです。複素数のかけ算は，通常は展開するなどしてなかなか煩雑なのですが，極形式にすれば，複素数のかけ算を簡単にできるわけです。
たとえば，$A=2e^{i\frac{\pi}{5}}$，$B=e^{i\frac{3\pi}{5}}$であれば，面倒な計算をせずに，A×Bを次のように計算できます。

$$
\begin{aligned}
&A\times B\\
&=2e^{i\frac{\pi}{5}}\times e^{i\frac{3\pi}{5}}\\
&=2e^{i\left(\frac{\pi}{5}+\frac{3\pi}{5}\right)}\\
&=2e^{i\frac{4\pi}{5}}
\end{aligned}
$$

複素数のかけ算がずいぶん楽になりますね。
覚えておきます！

オイラーの公式と極形式を使ってみよう！

さて，では次の問題で**オイラーの公式**と**極形式**を使ってみましょう。

問題

複素数 $\sqrt{3}+i$ を5乗せよ

これがなぜオイラーの公式の問題なんですか？
$(\sqrt{3}+i)(\sqrt{3}+i)(\sqrt{3}+i)(\sqrt{3}+i)(\sqrt{3}+i)$ってことですよね？

その通りなんですが，そのまま計算しようと思うと，かなり大変ですよ。

たしかに。全部展開して計算なんて，とてもやってられませんね……。

そこで！
極形式とオイラーの公式を使うんです。すると計算がとても楽になるんです。
ただ，この問題を解くには，**三角関数**の知識が少しだけ必要になるので，一つずつ解説していきますね。

えーん！　**むずかしそう。**

まずは，$\sqrt{3}+i$ を**極形式**であらわします。

あっ，さっきやった**絶対値** r と**偏角** θ を使うやつですね。

そうです。
まず $\sqrt{3}+i$ の絶対値は，$\sqrt{\sqrt{3}^2+1^2}=2$ です。

ふむふむ。では**偏角** θ は？

$\sqrt{3}+i$ を複素平面上にえがくと，図のように，辺の長さが $1:2:\sqrt{3}$ の直角三角形があらわれますね。
これは中学校で習う特徴的な直角三角形で，偏角 θ は30°とわかります。30°を弧度法であらわすと $\frac{\pi}{6}$ です。

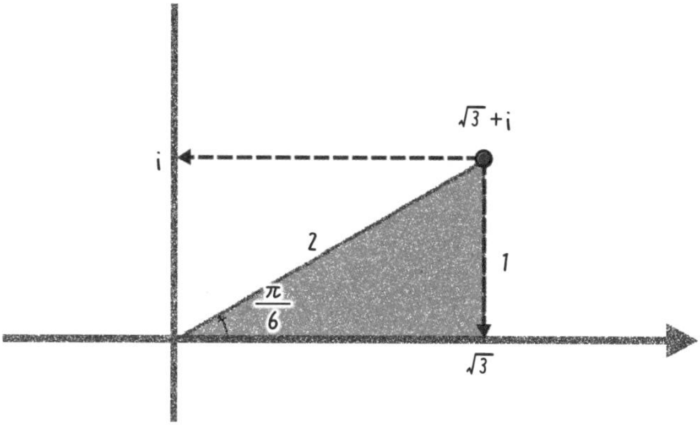

そんなの習ったかな……。
ともかく1：2：$\sqrt{3}$の辺の長さの直角三角形の一番小さな角度は30°なんですね。

ええ。
では，複素数 $\sqrt{3}+\boldsymbol{i}$ を**極形式**であらわしてください。

えーっと，$r(\cos\theta+i\sin\theta)$の形にするんだから，
$2\left(\cos\frac{\pi}{6}+i\sin\frac{\pi}{6}\right)$でしょうか？

正解です！
さて，ここでオイラーの公式 $e^{ix}=\cos x+i\sin x$の出番です！

あれっ，$2\left(\cos\frac{\pi}{6}+i\sin\frac{\pi}{6}\right)$と，オイラーの公式の右辺がほぼ同じですね。

いいところに気づきましたね！
ですから$\sqrt{3}+\boldsymbol{i}$ は次のように$\boldsymbol{e}$を使ってあらわせるんです。

$$\sqrt{3}+i=2\left(\cos\frac{\pi}{6}+i\sin\frac{\pi}{6}\right)$$

オイラーの公式より

$$=2e^{i\frac{\pi}{6}}$$

なぜわざわざオイラーの公式を使う必要があるんでしょうか？

オイラーの公式で，指数の形になおすと，面倒なかけ算が，とても簡単になるんです。今回の場合だと，$\sqrt{3}+i$ の5乗は，次のように計算できるようになります。

$$
\begin{aligned}
(\sqrt{3}+i)^5 &= \left(2e^{i\frac{\pi}{6}}\right)^5 \\
&= 2^5\times\left(e^{i\frac{\pi}{6}}\right)^5 \\
&= 2^5\times e^{i\frac{\pi}{6}\times 5} \\
&= 32e^{i\frac{5\pi}{6}}
\end{aligned}
$$

本当だ！

5乗の計算が，簡単なかけ算になってる。

でも，$32\,e^{i\frac{5\pi}{6}}$ は，これ以上計算できませんよ。

いいえ，ここでもう一度オイラーの公式 **$e^{ix}=\cos x+i\sin x$** を使えば，$32\,e^{i\frac{5\pi}{6}}$ は **$32\,e^{i\frac{5\pi}{6}}=32\left(\cos\frac{5\pi}{6}+i\sin\frac{5\pi}{6}\right)$** ともあらわせます。

ふむふむ。

さてここで，三角関数の値が必要になります。三角関数についてはくわしく説明していないので220ページのような図をえがけばわかるのですが，必要な値だけを教えると，$\cos\frac{5\pi}{6}=-\frac{\sqrt{3}}{2}$，$\sin\frac{5\pi}{6}=\frac{1}{2}$です。したがって，$32\,e^{i\frac{5\pi}{6}}$は，次のように計算できます。

$$
\begin{aligned}
32\,e^{i\frac{5\pi}{6}} &= 32\left(\cos\frac{5\pi}{6}+i\sin\frac{5\pi}{6}\right)\\
&= 32\left(-\frac{\sqrt{3}}{2}+i\times\frac{1}{2}\right)\\
&= -16\sqrt{3}+16i
\end{aligned}
$$

というわけで$(\sqrt{3}+i)^5$は$-16\sqrt{3}+16i$となります。複素数の計算だけでなく，三角関数の知識が必要だったので少しむずかしかったかもしれません。
でも，**極形式とオイラーの公式を使うことで，複雑な複素数の計算が，はるかに楽なものに変わるんです。**

いやぁーむずかしかった……。

せっかくなので，$(\sqrt{3}+i)^5$の計算を**複素平面**でも見ておきましょう。

$\sqrt{3}+i$ の5乗を極座標でながめる

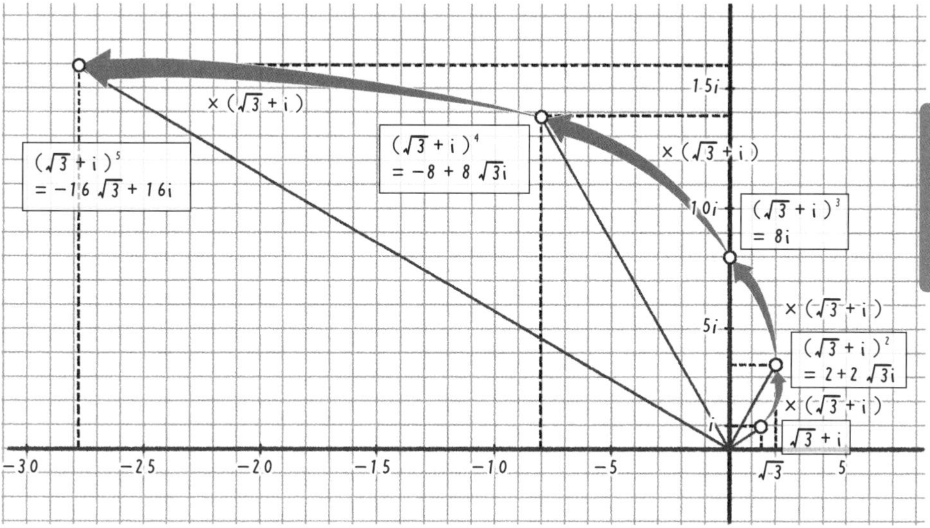

$\sqrt{3}+i$をかけるたびに，$\frac{\pi}{6}$（＝30°）ずつ回転して，絶対値が2倍になっていってるんですよ。

今の計算はこういうことだったのか。
やっぱり複素平面でみると，わかりやすいですね！

偉人伝❷

数学者の王者，レオンハルト・オイラー

レオンハルト・オイラーは，1707年にスイスのバーゼルで生まれました。父はカルヴァン派の牧師でした。父はオイラーが牧師になることを望んでいたため，オイラーは神学とヘブライ語を勉強しました。

ベルヌーイ家のおかげで数学者の道に

バーゼル大学でオイラーに数学を教えたのは，ヨハン・ベルヌーイ（1667〜1748）でした。ヨハンの息子は，数学者となるニコラウス・ベルヌーイ（1695〜1726）およびダニエル・ベルヌーイ（1700〜1782）であり，彼ら兄弟とオイラーは大の仲良しになりました。オイラーの父は，オイラーに牧師になる道を選ぶように忠告しましたが，ベルヌーイ家の人々はオイラーの父に，オイラーが大数学者となる運命にあると説き，父もついに説得に応じました。

当時のヨーロッパでは学問の中心は大学ではなく，王の援助する王立アカデミーにありました。ベルヌーイ兄弟は，1725年からロシアのペテルブルグ科学アカデミーの数学教授をしており，そこへオイラーを招きました。1727年に，オイラーはペテルブルグへ着き，ダニエル・ベルヌーイのはからいで数学部のポストを得ました。

失明してもなお研究をつづけた

オイラーは，右目の視力をなくし，さらには左目も1771年にはほぼ完全に失明しました。しかし，オイラーは両目の

視力を失ってもなお研究をつづけました。

　オイラーの仕事は多方面にわたっていました。代数，数論，三角法，微分積分学などさまざまな分野で活躍しました。また，オイラーは「位相幾何学（トポロジー）」とよばれる学問の創始者となりました。オイラーは，数学史上で比類のない数学的な力量をもち，手紙を書くくらいにすらすらと偉大な論文を書きつづけました。また，微分積分学などの分野で，それまでの知識をまとめた教科書も執筆しました。そのようなスタイルは今も大学教科書の模範となっています。さらに，eやπなど，今使われている数学の記号もオイラーに由来するものが数多くあります。その業績の多さからオイラーは「数学者の王者」との異名でよばれることもあります。

　オイラーの膨大な著作をおさめた全集の第1巻が1911年に刊行されました。オイラーの業績があまりにも多すぎて現在も刊行中で，未だ完結していません。

STEP 2

物理学には虚数が欠かせない

虚数は，自然の法則を解き明かす物理学の世界で大活躍しています。虚数はなんと，宇宙の誕生の壮大な謎にまで関わっているかもしれないのです。

iが登場する物理学の世界

ここからは**虚数と物理学**との関連について紹介していきましょう。

物理学って**自然界の法則**を解き明かす学問だと聞いたことがあります。
想像上の数だといわれる虚数が，実際の世界を解き明かす物理学と関係するのは，**なんとも不思議に思えますね。**

ふふふ，そうかもしれませんね。
たしかに**i個のりんご**とか，**iキログラムの金塊**を目にすることはできませんから，虚数は物の個数や量に対応させることができません。

ですよね！
それなのにどうして物理学に虚数が登場するんでしょうか？

ここで，**マイナスの数**を考えてみてください。
マイナス1個のりんごやマイナス3キログラムの金塊だって目にすることはできません。
マイナスの数も物の個数や量に対応させることができないんです。

たしかにそうですね。

でも，そんなマイナスの数は，もちろん物理学にとって必要です。プラスの数だけしか認めないような，窮屈な数学では，物理学はうまくいかないからです。
無をあらわす数「**0**」も同様です。

0個のリンゴも，自然界に存在するとはいえないですもんね。

その通りです。
でも，0を認めない数学は，自然界を記述するには役立ちません。
別の考え方もあるでしょうが，「数」というものは，自然界にそのまま実在するものではなく，自然界を記述するために人間が頭の中につくった「**概念**」だといえるでしょう。

iに限らず，数が実在しているとはいえないわけですね。

その意味で，数は一種の「言語」であるといえます。そして，**物理学とは，「自然界にあらわれる法則を，数学という言語を使って描写する営みである」と考えることができます。**これはまさにガリレオ・ガリレイが言ったとされる「自然という書物は数学という言葉で書かれている」という考えです。

ふーむ，
数学は言語……。

*i*が登場する量子力学の世界

ところで，物理学のどこに，*i*は登場するんでしょうか？

すべての物理理論に虚数が必要というわけではありません。たとえば，イギリスの科学者アイザック・ニュートン（1642～1727）がつくったニュートン力学には，虚数は表だって登場しません。

アイザック・ニュートン
(1642~1727)

にゅーとんりきがく？

ニュートン力学は，物体の運動を記述する理論です。その基本方程式である運動方程式を使うと，砲弾の軌道や月の公転運動などを説明することができます。
でも，その計算には実数しか登場しません。

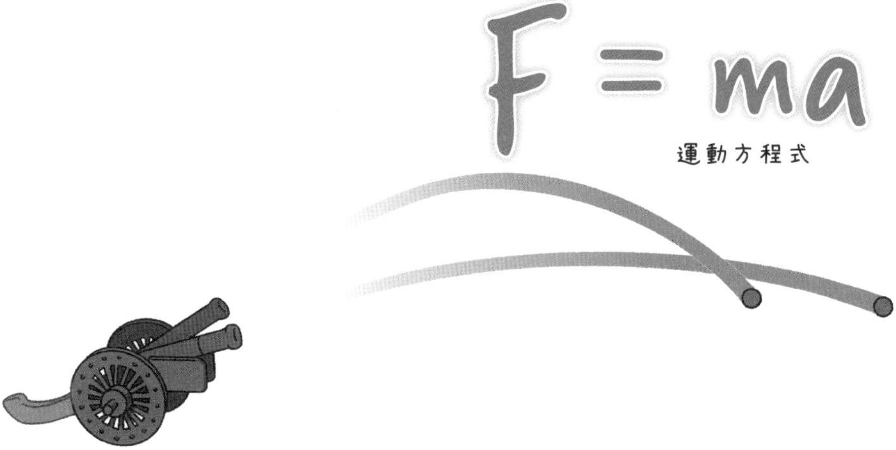

ニュートンの理論には，虚数は必要ないんですね。

それから，イギリスの理論物理学者**ジェームズ・クラーク・マクスウェル**（1831 ～ 1879）が確立した**電磁気学**の基礎方程式にも虚数は必要ありません。

ジェームズ・クラーク・マクスウェル
（1831 ～ 1879）

電磁波

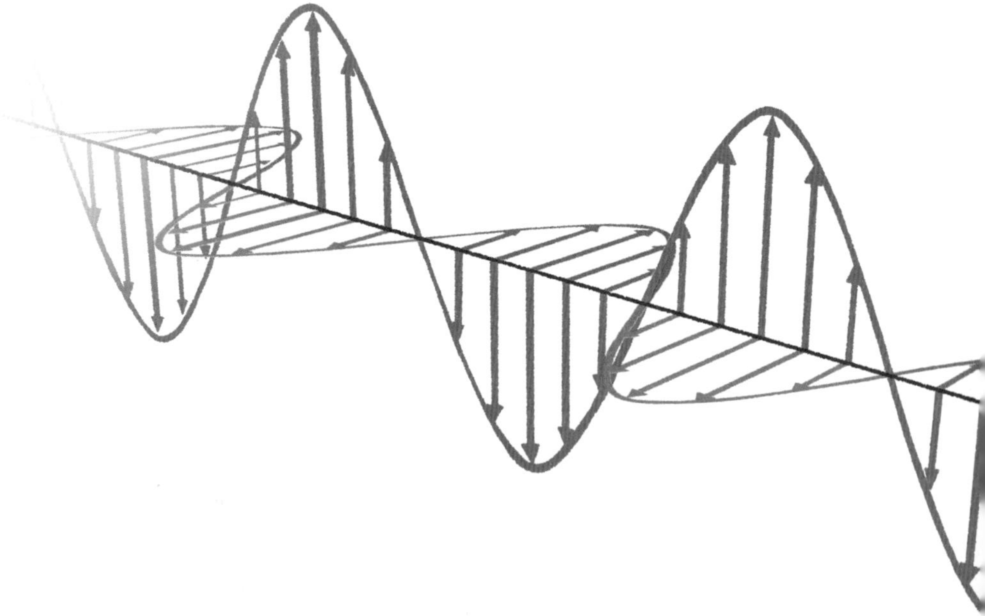

電磁気学は，電気と磁気の相互作用などに関する物理理論です。電磁気学の基本方程式である**マクスウェル方程式**を使うと，電気と磁気の波（電磁波）である光や電波などのふるまいを説明することができます。

うぎゃー
めっちゃ複雑な方程式ですね……。

でも，この方程式には虚数は登場しておらず，実数しか必要としません。**このように19世紀までにつくられた理論には虚数は登場しないのです。**

じゃあ，もっと**新しい理論**はどうなんでしょうか？

マクスウェル方程式

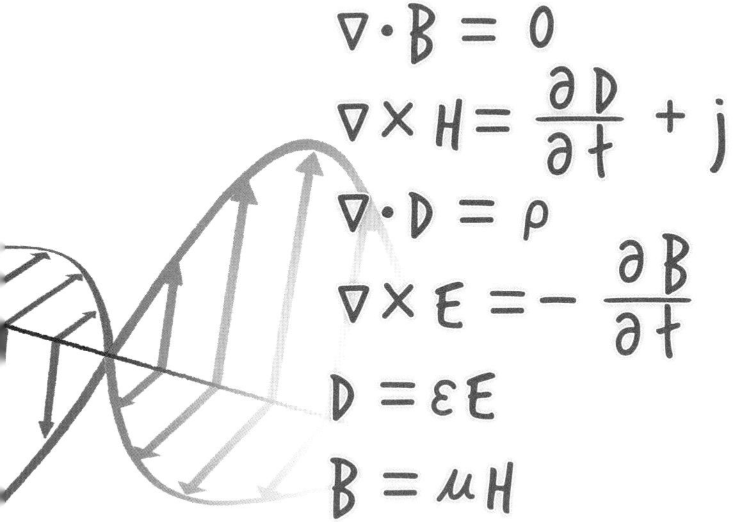

$$\nabla \cdot B = 0$$
$$\nabla \times H = \frac{\partial D}{\partial t} + j$$
$$\nabla \cdot D = \rho$$
$$\nabla \times E = -\frac{\partial B}{\partial t}$$
$$D = \varepsilon E$$
$$B = \mu H$$

ドイツの物理学者**アルバート・アインシュタイン**（1879～1955）が1905年に発表した**特殊相対性理論**にとっては，虚数が理解の助けとなります。
しかしながら，**理論そのものに虚数が必要なわけではありません。**また，アインシュタインが1916年に発表した**一般相対性理論**も，虚数を使わなくても問題なくなりたちます。

アインシュタイン!?
天才物理学者ですよね。知ってます。
それから，相対性理論って名前も聞いたことあります。

アルバート・アインシュタイン
（1879～1955）

相対性理論は，**時間**や**空間**，そして**重力**についての理論です。
たとえば，一般相対性理論は，**重力の正体**が質量をもつ物質がつくる**時空の曲がり**であることを明らかにした物理理論です。基本方程式である**アインシュタイン方程式**を使うと，大きな天体のまわりにできる時空の曲がりぐあいなどを求めることができます。

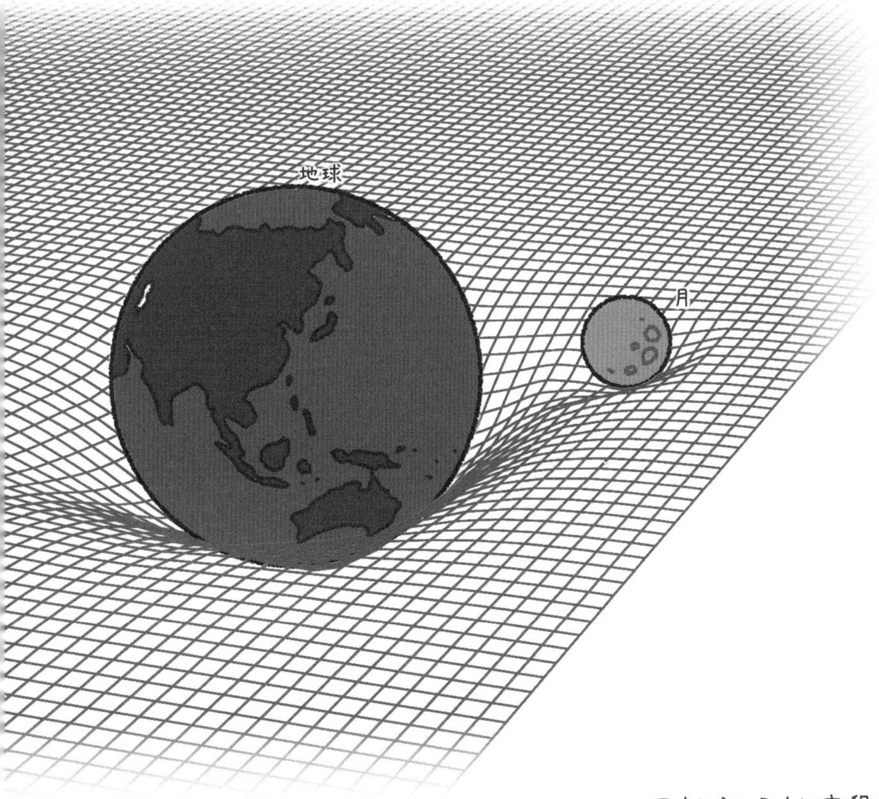

アインシュタイン方程式

$$R_{\mu\nu}-\frac{1}{2}g_{\mu\nu}R=\frac{8\pi G}{c^4}T_{\mu\nu}-\Lambda g_{\mu\nu}$$

重力が空間のゆがみだって，聞いたことがあります！

そうです。そして，アインシュタイン方程式は，実数しか必要としません。

じゃあ，結局，虚数が必要な物理理論なんて，存在しないんじゃないですか？

いいえ，20世紀に入り，ついに虚数を必要とする物理理論が登場します。それが**量子力学（量子論）**です。

りょうしりきがく？
どんな理論なんでしょうか？

ではまず，簡単に量子力学とはどんな理論なのかを説明しましょう。

はいっ，お願いします！

量子力学というのは，原子や電子のふるまいなど，目には見えない**ミクロの世界**の現象を支配する法則のことです。量子力学が誕生する前は，あらゆる物体の運動はニュートン力学で説明できると考えられていました。

さっき登場したやつですね！
ニュートン力学では，砲弾の運動や天体の運動を解き明かすことができるといってましたけど，**原子や電子の動き**は説明できないんですか？

そうなんです。
19世紀末に原子がかかわるようなミクロな世界の現象を調べてみると，**ミクロな物質はニュートン力学では説明できない不思議なふるまいをすることがわかってきたんです。**

ミクロな世界……
どれくらいの大きさのことなんでしょうか？

だいたい原子や分子のサイズ，つまり**1000万分の1ミリメートル以下**の世界です。

1000万分の1ミリメートル!?
めちゃくちゃ小さいですね！

このようなミクロな世界では，物質は数々の不思議なふるまいをします。

どういうふるまいでしょうか？

ミクロな物質の特に重要なふるまいには二つあります。
まず一つ目が，**状態の共存**です。
日常の世界の常識では，一つのものがあちこちに同時に存在することなどありえません。
でもミクロな世界では，電子などのミクロな物質は，一つでも，同時に複数の場所に存在するんです。空間に広がって存在している，ともいえますね。

状態の共存

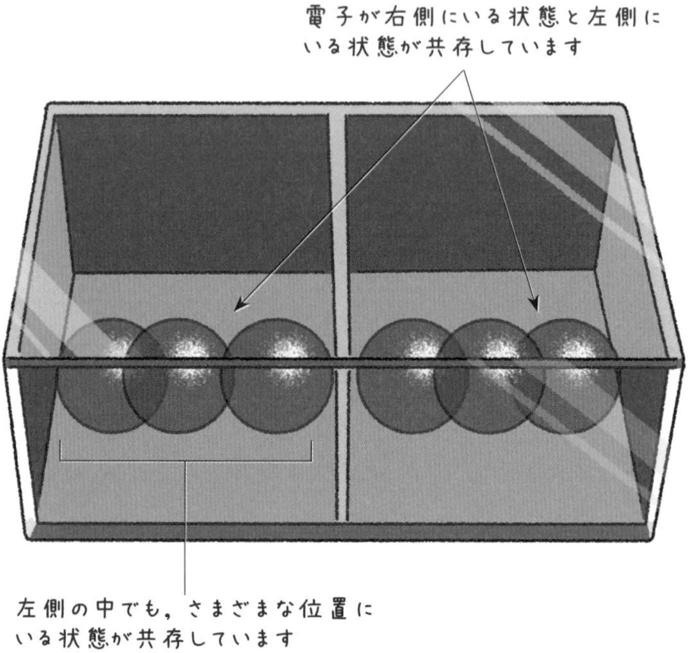

分身の術みたいですね！

日常の世界の常識とはかけはなれた，突飛な世界すぎて，ちょっとイメージがむずかしいです。

それで，もう一つの特徴はどのようなものでしょうか？

ミクロな物質がもつもう一つの特徴は，**波と粒子の2面性**です。

電子などのミクロな物質は，粒子と波の性質を同時にもっているんです。

まるで，白と黒の二面をもつオセロのコマのようなものです。

波と粒子の2面性

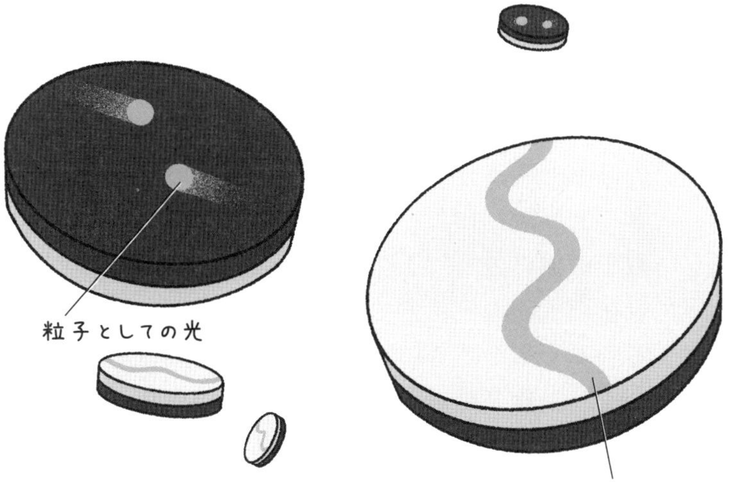

ぜんっぜん意味がわかりません。

電子の粒が波を打って進んでいる，ということでしょうか？

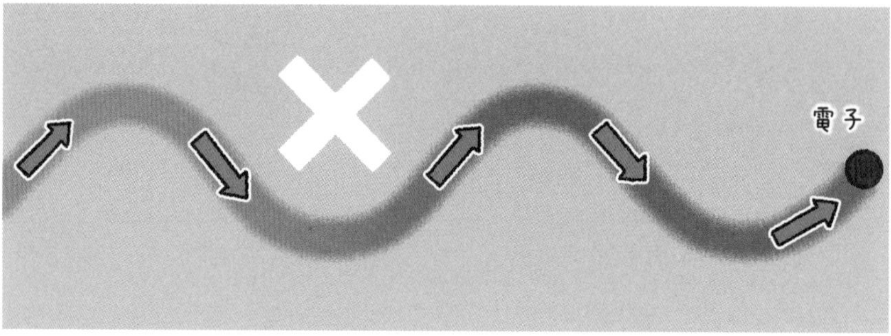

うーん，それはちょっとちがいますね。
先ほど，電子は一つでもたくさんの場所に同時に存在できるとお話ししました。
電子の波は**電子の存在確率**と関係するということが，現在の主流の考え方で，「コペンハーゲン解釈」といわれるものと深く関連しています。
つまり，電子の波の振幅が大きい場所ほど，電子の発見確率が高く，振幅の小さい場所ほど電子の存在確率が低いんです。

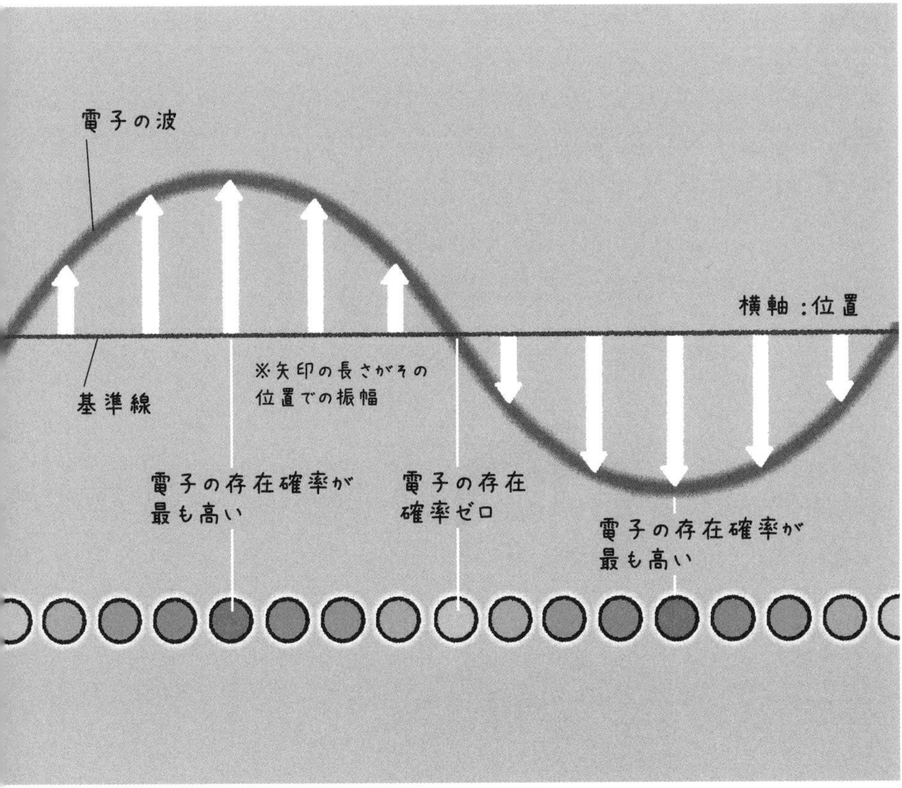

うーむ，もはや意味不明の世界です……。

まぁまぁ。ぼんやりと雰囲気だけでも知っておいてください。
現代の物理学は，一部の例外をのぞいて，すべて量子力学という土台の上に築かれているといっても過言ではありません。

それで，この摩訶不思議な量子力学のどこに虚数が登場するんでしょうか？

量子力学の基礎をなす方程式を，**シュレディンガー方程式**といいます。オーストリアの物理学者**エルヴィン・シュレディンガー**（1887 ～ 1961）がつくったものです。**この方程式に虚数単位 i が出てくるのです。**

エルヴィン・シュレディンガー
（1887 ～1961）

虚数単位

$$i\hbar\frac{\partial\psi}{\partial t}=\left\{-\frac{\hbar^2}{2m}\frac{\partial^2}{\partial x^2}+U(x)\right\}\psi$$

シュレディンガー方程式

式の頭にiがついてる！

はい，これが**虚数単位のi**です。

おー，ついに虚数が姿をあらわした！
この方程式は何のための式なんでしょうか？

たとえば，ミクロの**水素原子**を考えます。
水素原子は，**1個の陽子**と**1個の電子**からできています。

あっ！　中学校の理科の時間にならった覚えがあります。
中心に陽子があって，そのまわりを電子がまわっているんですよね。

水素原子

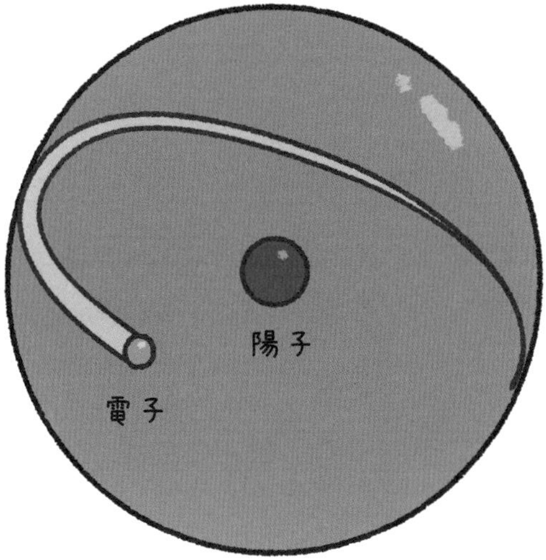

たしかに，そのような説明がなされることも多いです。しかし，それは量子力学の誕生前の考え方をもとにしており，厳密には正しいとはいえません。

えーっ！ 正しくないんですか？

量子力学の世界では，電子は陽子のまわりをまわってなどおらず，陽子のまわりをぼんやりと広がって存在しているんです。“**電子の雲**”が取り巻いている状態です。

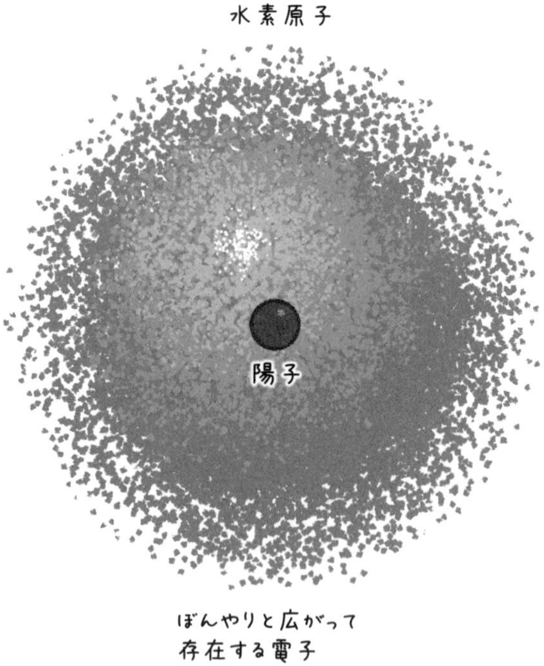

あぁ，さっきやった**状態の共存**ってことですね。

はい，まさにそうです。

電子がどこにいるのかわからないわけですか？
超高性能の顕微鏡で見ればいいじゃないですか？

いやいや，顕微鏡じゃとても見えないですよ。
そのかわりに**量子力学では計算によって「1個の電子がどこで発見されやすいか」を知ることができます。**
そのために使うのがシュレディンガー方程式です。

ほぉ！

iが出てくるシュレディンガー方程式は，電子の波が満たすべき方程式です。**この方程式を解くと，電子の波がどんな関数であらわせるかを知ることができます。つまり，原子や分子内で電子がどこで発見されやすいかを知ることができるんです。**
したがって，このような計算には必然的に虚数が含まれることになります。

やっぱりむずかしぃ !!

ともかく，**量子力学は虚数や複素数の存在を前提としてなりたっている物理理論といえます。**
量子力学は，現代の科学技術や工学の土台です。量子力学がなければ，携帯電話もパソコンも生まれなかったといってよいでしょう。
いうなれば，虚数や複素数がなければ，人類は今日の文明を築くことはできなかったのです！

架空の数と思われた数が文明を支えているなんて，とっても不思議な感じですね！

虚数を使えば，4次元時空でピタゴラスの定理がなりたつ

ここからは**相対性理論**と**虚数**との関係を見ていきましょう。相対性理論自体には，虚数は必要ありません。
でも虚数を使うことで，相対性理論をとらえやすくなることがあるんです。

アインシュタインですね！

255ページでも触れましたが，相対性理論は**時間**や**空間**についての理論です。
常識的な感覚では，1秒や1メートルの長さはだれから見ても変わりません。ところが相対性理論は，その常識がなりたたないことを明らかにしたんです。

1秒や1メートルの長さが，人によってちがうってことですか？
心理学のお話？

いえいえ，心理学ではありません。物理的に1秒や1メートルの長さが，見ているによって変化するんです。

そんなまさか!?
1秒は1秒だし，1メートルは1メートルでしょ！

たとえば，静止しているあなたの前を，宇宙船がものすごく大きな速度で横切ったとします。**このとき，あなたにとっての1秒は，宇宙船にいる人にとっては1秒とは限らず，ずっと短くなってしまうことが相対性理論からわかります。**

うっそー!?
まったく信じられません。

奇妙なことに，相対性理論によれば，高速で運動する立場と，それを外から見ている立場では，1秒や1メートルの長さが一致しないのです。

ぶっ飛んだ理論ですね。

そういえば，以前，長期間宇宙に行って帰ってきたら，地球ではものすごい時間がたっていて，人類が絶滅していたっていう設定の映画をみました。これが相対性理論によるものなんでしょうか？

ええ，それは相対性理論に基づいたSF映画ですね。

すっごいな！

高速で移動する人と，止まっている人で時間と距離が変わるなんて。

時間と距離は立場によって変わります。ところが相対性理論によれば，時間と距離をまとめた**4次元距離**を考えると，止まっていても高速で動いていても不変なんです。

どっひゃー!!

また難解な単語が出てきた。なんですか，4次元距離って？

ここでは相対性理論の説明はしませんが，4次元距離というものを虚数の立場で考えてみましょう。今までの複素数のことがわかっていれば，ここのところは納得できるはずです。気楽によんでください。

たとえば，原点にいた宇宙船がtの時間で，xの距離を進んだとします。このとき，4次元距離を次の式で定めます。

$$(4\text{次元距離}) = \sqrt{(3\text{次元空間の距離})^2 - (\text{時間の経過を距離に変換したもの})^2} = \sqrt{x^2-(ct)^2}$$

式に出てくるcは，光の速度をあらわしています。秒速約30万キロメートルです。

ctというのは，時間の経過tに光速cをかけたもので，時間を距離と同じ単位に変換したものです。

静止している人と，光速で進む宇宙船の中の人とでは，3次元空間上の距離の長さや，時間の進み方は一致しません。でも，この4次元距離を計算すると，止まっている人でも高速で動いていてる人でも同じになるんです。

うーむ，4次元距離……，なんともむずかしいですね。この4次元距離に虚数が関係しているんですか？

ここで登場するのが，アインシュタインに相対性理論の数学的な基礎を提供した数学者，**ヘルマン・ミンコフスキー**（1864～1909）です。
ミンコフスキーの数学理論によれば，4次元距離の計算式にある**時間の経過の2乗の引き算**を，**虚数時間の2乗の足し算**とみなすことで，時間と空間をまったく同じようにあつかえるのです。

ヘルマン・ミンコフスキー
（1864～1909）

きょ，きょすう時間？

どういうことでしょうか？

時間経過tに虚数単位iをかけたitが虚数時間です。こうすれば，4次元距離の式は，$\sqrt{x^2+(ict)^2}$となります。

$$(4\text{次元距離}) = \sqrt{x^2-(ct)^2}$$
$$= \sqrt{x^2+(ict)^2}$$

ここで突然ですが，**ピタゴラスの定理**を思いだしてください。

えっ!? めっちゃ突然。

ピタゴラスの定理って，直角三角形の辺の関係をあらわした定理でしたよね?,

そうです。このピタゴラスの定理を使うと，空間上の2点間の距離を求めることができます。右のページの距離を求める式と，先ほどの虚数時間を使った4次元距離の式，似てませんか？

ピタゴラスの定理を使った
距離の計算

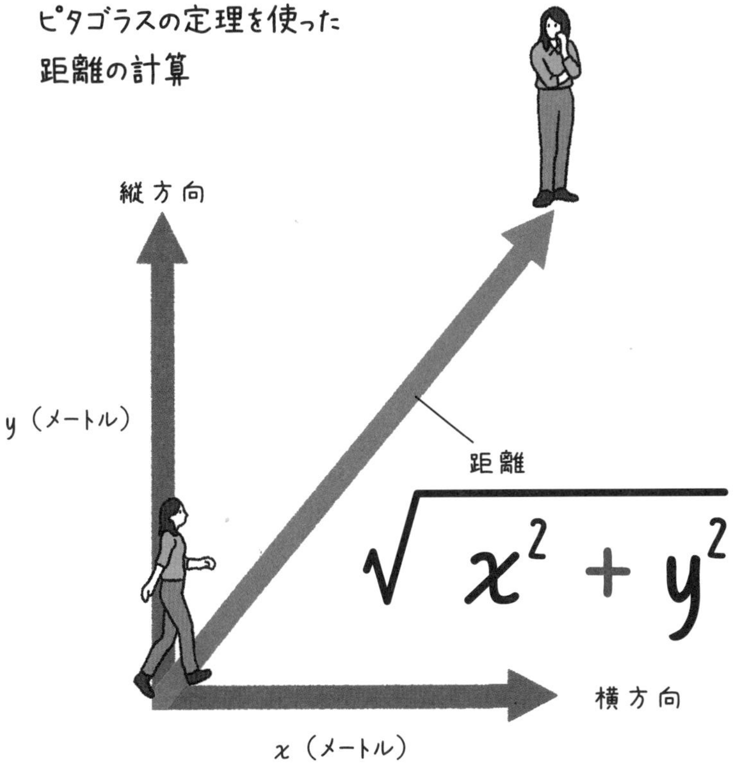

あぁ，ルートの中で2乗の足し算をしていて，たしかに似ています。

このように時間tの変わりに，虚数時間itを使うと，4次元距離の式は，ピタゴラスの定理を使った空間上の距離を求める式と同格のものになるんです。
つまり，虚数時間を使うと，4次元時空における4次元距離を通常の空間の距離と同じように計算できるんです。

ぎゃー意味不明！

たとえば，下の図を見て下さい。これは，宇宙船が1秒間で18万キロメートル進んだようすを，静止した観測者の視点であらわしたものです。3次元空間を平面で，時間経過を3次元空間の平面に直交する座標軸であらわしました。
虚数時間を使えば，4次元距離を矢印の始点と終点の距離として，通常の3次元空間の距離と同じように考えて求めることができます（右の図）。

なるほど，3次元空間に時間を追加した4次元時空を，3次元空間と同じように考えることができるようになるわけですね。

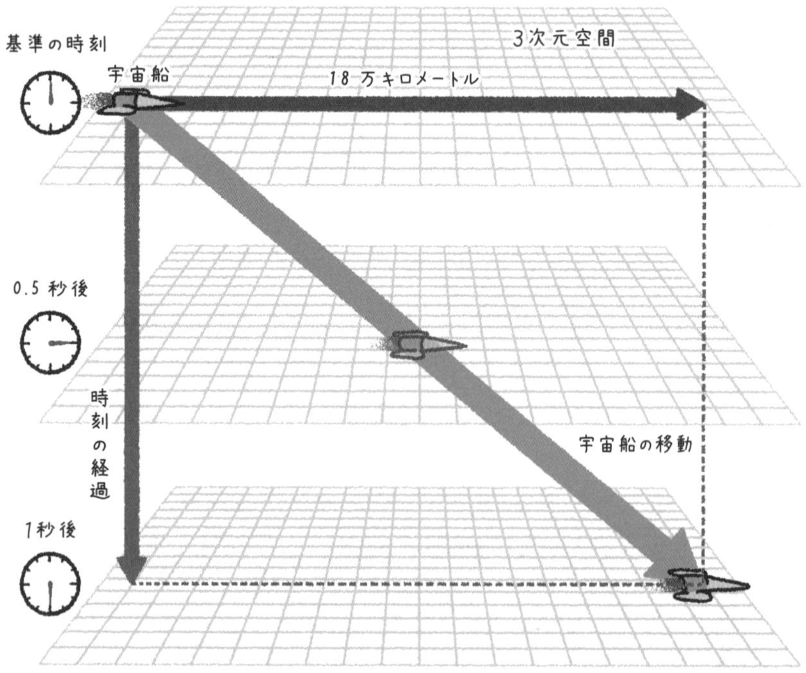

つまり，虚数の値をもつ時間は，もはや空間と区別がつかなくなってしまうというわけです。

ぐぬぬぬ。

時間と空間は区別できない……？

まったくよくわかりませんね。

私たちが過ごす時間が，実は虚数時間だったということですか？

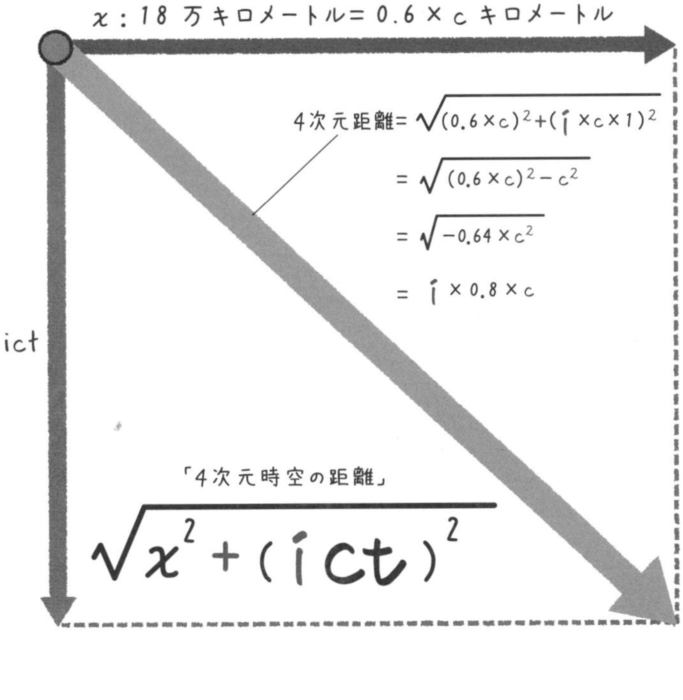

いえいえ，**私たちが過ごす時間はやはり「実数」であり，決して虚数ではありません。**

ミンコフスキーは，時間と空間を独立のものと考えずに，時空の距離の概念を導入しました。そこでは時間に虚数が深く関連しているということなのです。

また，このあとに紹介しますが，**宇宙の誕生初期**には虚数時間が流れていたとする仮説が存在するんですよ。

虚数時間が流れる世界というのはどういうものなんでしょうか？

実数時間

虚数時間が流れている世界では，力を受けた物体の運動の向きが，実数時間が流れていると仮定した場合とは逆になる可能性があるのです。
たとえば虚数時間の世界では，リンゴを手からはなすと，リンゴは上に落ちることになってしまいます。
われわれが目にするリンゴは下に落ちるのだから，やはりわれわれの世界に流れる時間は実数時間ですね。

わー！　日常の常識とかけはなれすぎていてついていけない。

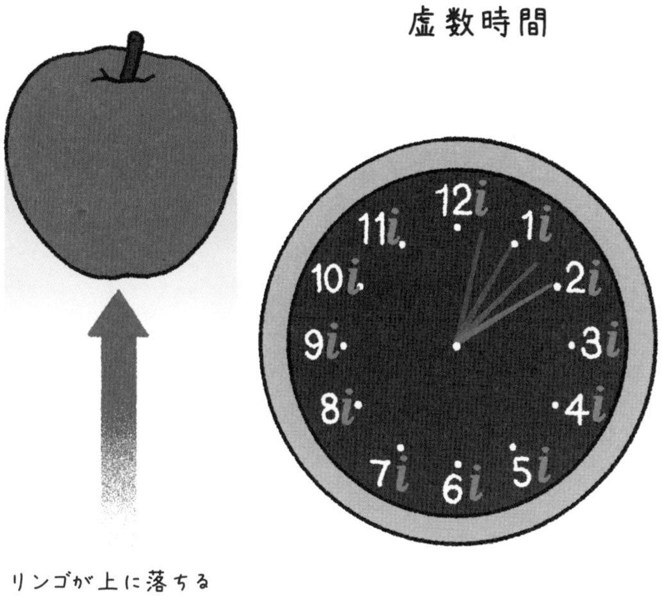

超光速粒子タキオンの質量は虚数

相対性理論と虚数がかかわる，興味深い話題をもう一つ紹介しましょう。**タキオン**とよばれる，未知の粒子の話題です。

たきおん？

タキオンは理論的に考えられている，**超光速**で進む粒子です。
相対性理論によると，質量がゼロではない物体を光速まで加速させることは不可能です。したがって，**光速こそが宇宙の最高速度だといえます。**

じゃあ，どんなに速い宇宙船をつくったとしても，光速よりも速くは進めないんですか？

相対性理論によると，そういうことになります。
しかし，**相対性理論は，生まれながらにして光速をこえている存在を否定するわけではありません。**そして，そのような仮想的な超光速粒子が**タキオン**なのです。

また厄介そうなものがでてきましたね。

光速をこえる奇妙な粒子であるタキオンは，その質量も奇妙です。**相対性理論によってみちびかれる速度と質量の関係式を満たすには，タキオンの質量（正確には静止質量）は実数ではなく虚数でなければならないのです。**

質量が虚数!?
そんな粒子，本当に実在しているんですか？

残念ながら，タキオンが発見されたという報告はありません。また，タキオンはあくまでも**理論上の粒子**にすぎず，実在しないと考える物理学者が多くいます。
でも，もしも質量が虚数のタキオンが存在すると，SFのような，**過去への通信**が実現する可能性があるんですよ。

過去への通信？

ええ。
たとえば，超高速で地球から遠ざかる宇宙船に向かって，地球からタキオンを発射して信号を送ります。それを受けとった宇宙船は，地球に向かってタキオンを発射して返信します。相対性理論にもとづいて計算すると，なんと，返信を地球が受けとるのは，最初に信号を送った時刻よりも過去になりうるというのです。

すごい！ 高校生のころの自分に，遊んでばかりいないで勉強するように通信したいです。タキオン，実在していると面白いですね。

光速の壁
光子
質量：0
タキオン
質量：虚数

質量をもつ粒子

宇宙のはじまりには，虚数が登場する!?

次に紹介するのは，**宇宙の誕生**と**虚数**の関係です。

壮大なテーマですね！

はい。この宇宙が永遠の過去から**変わらずに存在する**のか，それとも，宇宙には**はじまりがある**のか？科学者たちは長い間，この究極ともいえる謎にいどんできました。

いったい，どっちなんですか？

アインシュタインの一般相対性理論が登場する以前は，宇宙は**永遠不変なもの**と考えられていました。
しかし一般相対性理論によって，空間はのびちぢみできるものであることが明らかにされました。すると，ロシアの科学者**アレクサンドル・フリードマン**（1888～1925）は，一般相対性理論を宇宙にあてはめ，**宇宙も膨張や収縮できる**と主張したんです。

宇宙は永遠不変じゃないかもしれないということですね。

ところが，アインシュタインは宇宙を不変なものと考えており，フリードマンとはことなりました。そこでアインシュタインは，方程式の中に**宇宙項**とよばれる定数を入れることで，**宇宙は変化しない**という静的なモデルをつくりあげました。

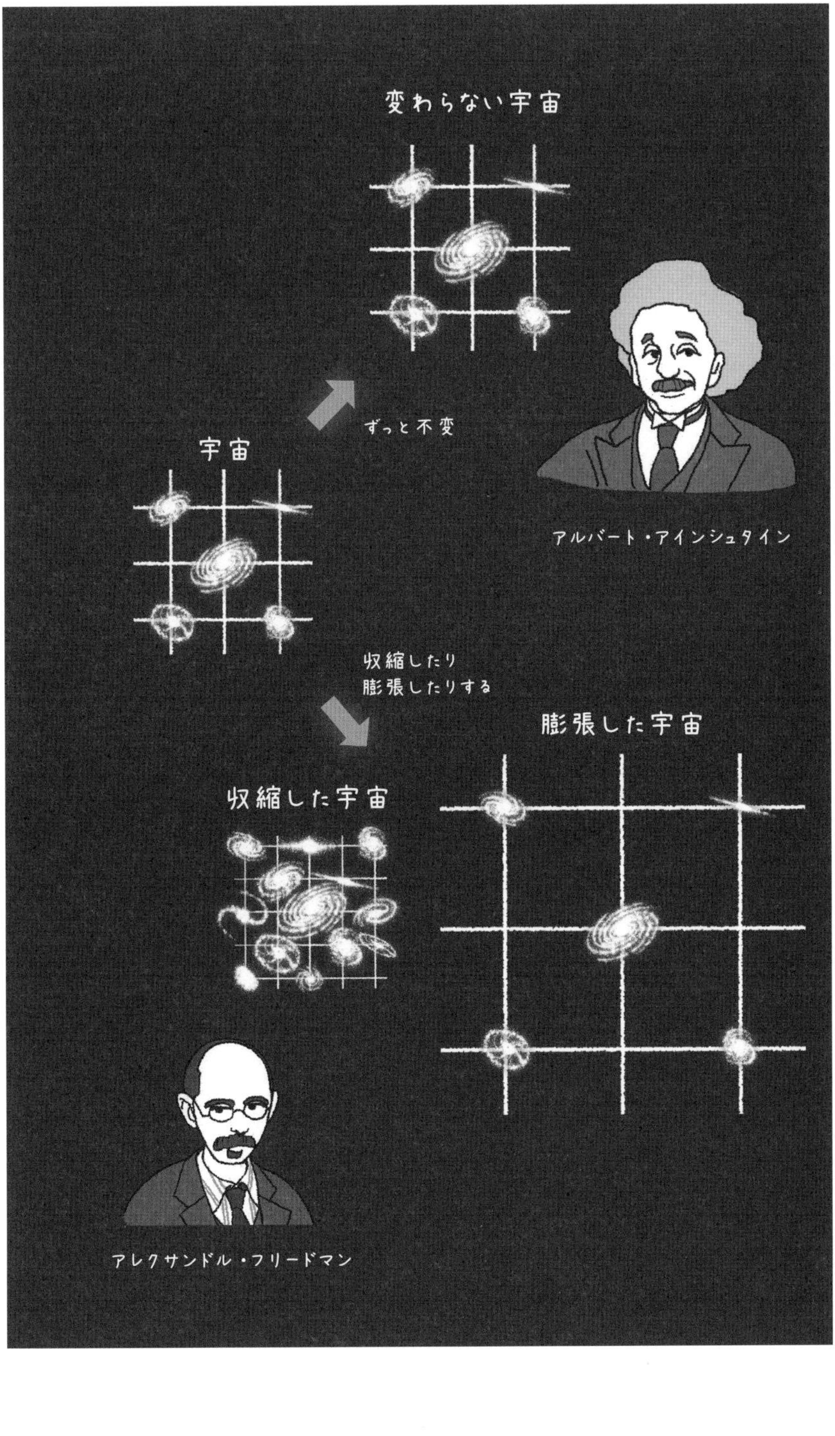
変わらない宇宙
ずっと不変
宇宙
アルバート・アインシュタイン
収縮したり
膨張したりする
膨張した宇宙
収縮した宇宙
アレクサンドル・フリードマン

結局，どちらに軍配が上がったんでしょうか？

その答につながる発見は1929年になされました。アメリカの天文学者エドウィン・ハッブル（1889～1953）は，望遠鏡による観測によって遠い銀河ほど速く遠ざかっていることを明らかにしました。これはつまり，**私たちのいる宇宙空間は膨張していることを意味していたのです。**

エドウィン・ハッブル
（1889～1953）

ほぅ。フリードマンがいったとおり，宇宙は不変ではなかったということでしょうか。

そうなんです。その後，20世紀以降に発達した**宇宙論**とよばれる学問によって，今では次のストーリーが広く支持されています。
「われわれの宇宙は，日に日に膨張している。このことは，はるか昔の宇宙が，ごく小さな領域しかもたなかったことを意味する。それが宇宙のはじまりということになる。最新の観測結果を踏まえると，この宇宙は約138億年前にはじまったと考えられる」。

うーん，宇宙のはじまりっていったいどんなものなんでしょうか？

宇宙の誕生を物理学で解き明かそうと数多くの物理学者が現在も挑んでいます。
興味深いことに，この深淵なる謎に，**虚数時間**がかかわっているかもしれないのです。

宇宙の誕生に虚数時間が……。
りんごが上に落ちるというやつですね。

よく覚えていましたね。
アメリカ，タフツ大学の**アレキサンダー・ビレンキン**（1949～　）は，**無からの宇宙創生論**という理論を発表しました。
この理論は，虚数時間の考え方にもとづいて宇宙の誕生を説明したものです。

アレキサンダー・ビレンキン
（1949～　）

どういった理論なんでしょうか？

私たちの宇宙は空間も時間も何もない**「無」から生まれた**という仮説です。
無はたえずゆらいでおり，超ミクロな宇宙が生まれてはすぐに収縮して消えていきます。
そのような“**宇宙のタネ**”の一つが，収縮せずに膨張に転じて，私たちの宇宙になったと考えるんです。

私たちの宇宙は無から生まれた……。
なんだかすごい考え方ですね。
そのどこに虚数時間が出てくるんでしょうか？

無から生まれた宇宙のタネは本来ならエネルギーが足りずに，大きな宇宙になれずにしぼんでいくと考えられます。ところが，私たちの宇宙は，本来はこえられないはずのエネルギーの山をこえて，膨張に転じることができました。

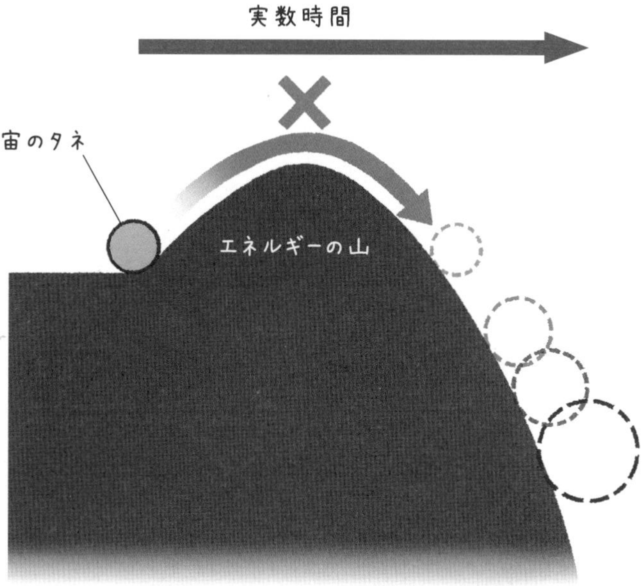

なぜ私たちの宇宙は，**こえられないはずのエネルギーの山**をこえられたんだろう？

そこで，**虚数時間**の登場です。
ここではくわしくは説明できませんが，虚数時間を考えると，運動や力の向きを逆転させて考えることができます。
宇宙誕生の瞬間に虚数時間が流れていたとすると，こえるべきエネルギーの山が，谷へと変わります。そのため，宇宙のタネは自然にそれをこえることができたと考えられるのです。

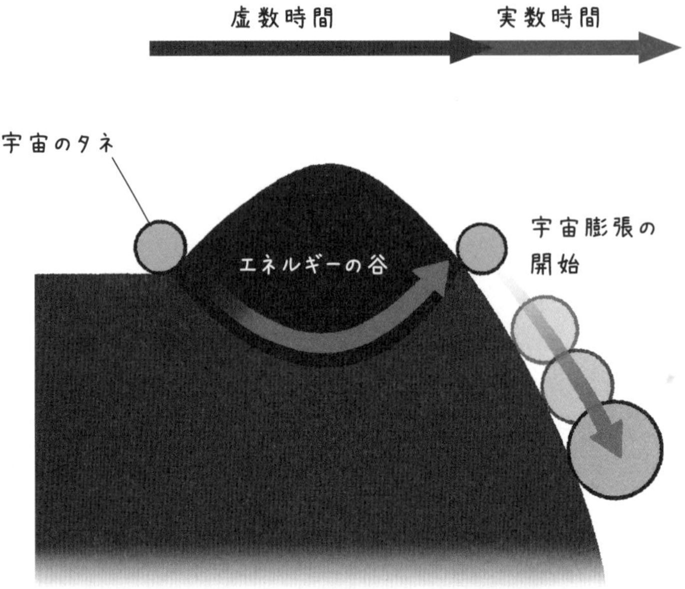

さっきからもうぜんっぜんついていけていませんが……。

さらに，車いすの物理学者，**スティーブン・ホーキング**（1942～2018）も，虚数時間を考える**無境界仮説**という理論を提唱しました。

どんな理論なんでしょうか？

宇宙が誕生した時には，宇宙全体がつぶれた状態であったと考えることができます。これは特異点とよばれるものです。

そのような状態では，物理法則をあてはめることができないので，宇宙のはじまりについて物理学で議論することができないことになってしまいます。

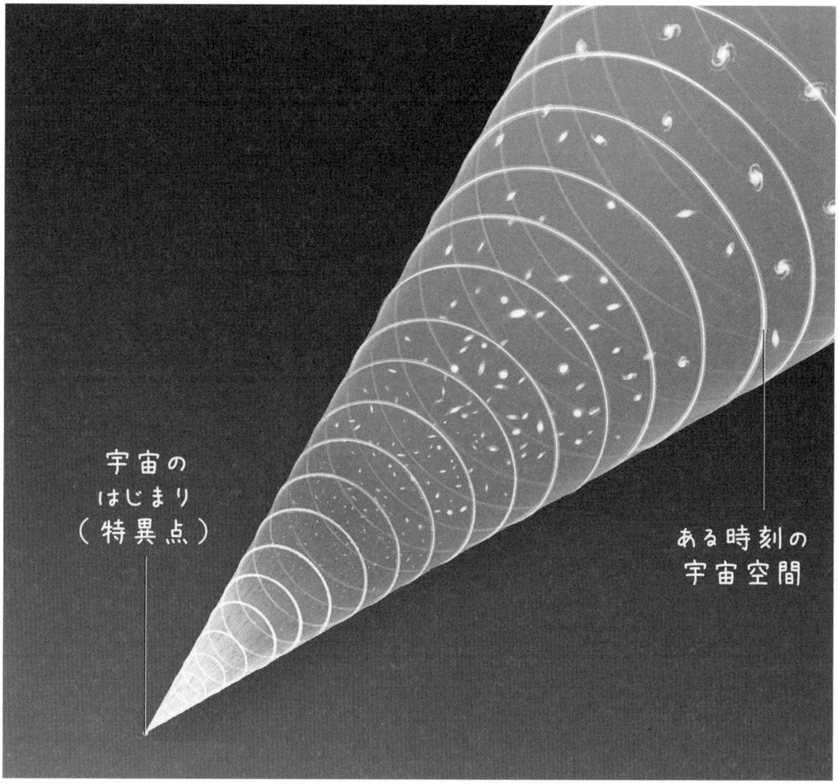

つまり，このような世界を解明することは不可能ということですね。

ええ。
ところがホーキングらの無境界仮説によると，宇宙が生まれたときに虚数時間が流れていれば，**特異点の問題が回避できる**といいます。
先ほども見たように，虚数時間が流れる世界では，計算上，**空間**と**時間**を同じレベルであつかえます。

空間と時間が同等になると，宇宙のはじまりは**なめらか**になり，特異点は消えてしまうというのです。

イラストを見ると，**おわんの底みたいですね。**

はい，宇宙のはじまりが“おわんの底”になることで，ほかの時期の宇宙となんら区別されないことになります。

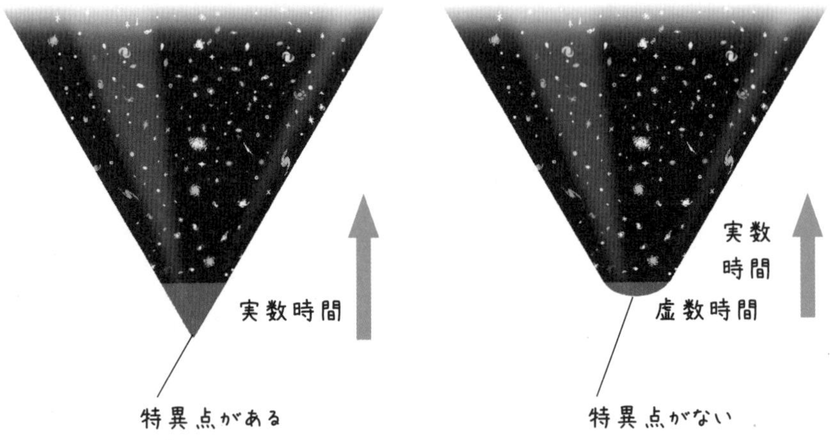

たとえば，南極点は地球の南端ですが，地球上のほかの点とくらべて特別にかわったことのない場所です。これに似ていますね。

宇宙誕生時の時間は虚数だった……。

さて，この本の最後に，物理学と数学について簡単にお話ししましょう。ここまで，私たちが見ることができないめちゃくちゃ小さな**原子**の話や，それとは対照的な超大きな**宇宙のはじまり**の話をしました。このようなことを解明するのが**物理学**です。

物理学……。

簡単にわからないことなので，物理学では，「仮説」をたてます。「理論」といってもよいですね。相対性理論，無境界仮説といったものは皆そうです。
実験などでそれらが確かめられると，仮説から事実となります。相対性理論や量子力学は，そのように仮説の域をこえた真実といえるでしょう。

ふむふむ。
そこでは，数学の役目はどうなっているんでしょうか？

現象を解明するために立てた仮説自体の辻褄があっていることが最低限の条件です。そして，そのような裏付けをするのが数学の役割です。
そこで，たとえばですが，1＋1＝3となるようなことをそのまま使ってしまっているなら，そのような仮説の信頼性はゼロです。
それでは2回かけて－1になるような数を使っていたらどうでしょうか？

あっ，虚数ですね。

16世紀のカルダノが考えてきたように，そのような数は一見，意味のないように思えます。しかし，ここまで説明したように，2回かけて–1になる数は，iとして意味づけることができて，きちんと計算でき，役に立つことがわかったと思います。これが虚数の数学です。

そのような数学的な裏付けが，相対性理論から宇宙創生までの仮説や理論をなりたたせ，ひいては物理的に実在したもの，実在するもの，実在するであろうものを解き明かすために大事な手がかりの一つになっているんです。

ふーむ。

これは物理だけの話だと思ってしまうかもしれません。しかし，経済の予測やそのほかもろもろのことを解明するために，正しく数学を使って仮説を立てて，検証していくことは普通のことです。
ですので，**文系，理系を問わずに，必要になりそうな数学を理解することは，とても大事なことなのです。**その一つが虚数ということなのです。

なるほど。

はい，というわけで，虚数についてのお話はここで終わりです。お疲れ様でした。

使い道のない数として誕生して，なかなか受け入れられなかった虚数が，科学の世界では欠かせないものになっていることがよくわかりました。
計算はなかなかむずかしかったけど，複素数を複素平面で視覚的に計算ができるっていうのも，面白かったです！

虚数や複素数の重要さや面白さをわかってもらえたのなら，なによりです。

はい！

先生，どうもありがとうございました！

偉人伝③

量子力学を築いた，エルヴィン・シュレディンガー

エルヴィン・シュレディンガー（1887 ～ 1961）は，物質のミクロなふるまいを研究する理論である「量子力学」の基礎を築いた人物です。また，シュレディンガーの著書，『生命とは何か』は当時の物理学者を分子生物学の研究に向かわせ，分子生物学の発展に大きな影響をあたえました。

シュレディンガーは，1887年，オーストリア＝ハンガリー帝国のウィーンで生まれました。ウィーン大学に入学し，物理学を専攻します。卒業後はしばらく，ウィーン大学で助手として働きましたが，まもなく第一次世界大戦が勃発し，砲兵士官として従軍しました。

量子力学の基礎方程式を発表

復員すると，各地の大学を転々としたのち，1921年にスイス，チューリッヒ大学の数理物理学教授となりました。そこでシュレディンガーは，フランスの物理学者，ド・ブロイが提唱した「物質波」の考え方に出合います。ド・ブロイは，電子などの物質粒子は，粒子としての性質だけでなく，波としての性質をあわせもつと考えました。そのような波を物質波といいます。

シュレディンガーは，ド・ブロイの物質波の考え方を発展させ，1926年，電子などの波が満たすべき方程式を提唱しました。その方程式こそ，今日シュレディンガー方程式の名前で知られるものです。シュレディンガー方程式を解くと，電子などの波の形やその時間変化を求めることができます。

シュレディンガー方程式は，量子力学で最重要の式といえます。シュレディンガーはこの業績により，1933年，ノーベル物理学賞を受賞しました。

物理学の視点から生命現象を考察

1927年，シュレディンガーはドイツのベルリン大学へと移ります。しかしヒトラーが政権を掌握すると，シュレディンガーはイギリス，オーストリア，イタリアなどに渡り，やがてアイルランドのダブリン高等研究所の教授となりました。

シュレディンガーは，1944年，『生命とは何か』を著します。この本では，物理学の視点から，生命現象について考察しました。遺伝のしくみが解明されていない当時，遺伝子の正体について推測するなど，分子生物学研究に大きな影響をあたえました。

第二次世界大戦後の1956年，シュレディンガーはウィーンにもどり，そして1961年，結核で亡くなりました。

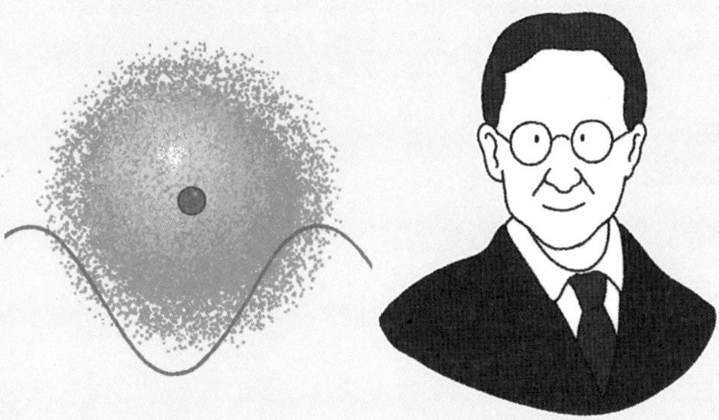

虚数の重要公式集

虚数単位i

$i=\sqrt{-1},\ i^2=-1$

複素数

$\underline{a}+\underline{bi}$

実部　虚部

（aとbは実数）

二つの複素数$a+bi$と$c+di$が等しいとは、$a=c$, $b=d$であること。

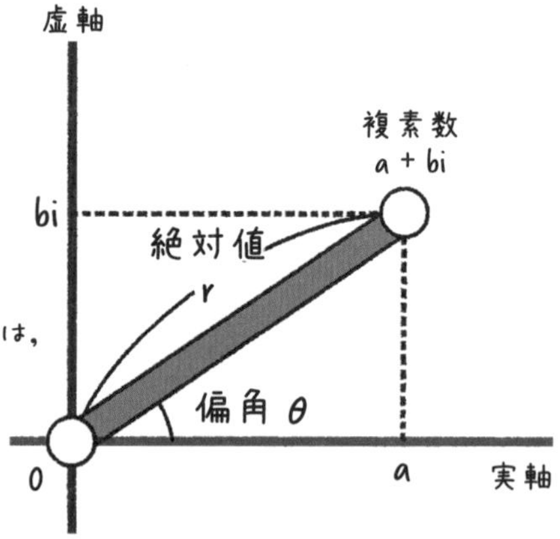

絶対値

$$絶対値r=\sqrt{a^2+b^2}$$

極形式

$$a+bi=r(\cos\theta+i\sin\theta)=re^{i\theta}$$

オイラーの等式とオイラーの公式

オイラーの公式

$$e^{ix}=\cos x+i\sin x$$

オイラーの等式

$$e^{i\pi}+1=0$$

複素数の四則演算

足し算

$$(a+bi)+(c+di)=(a+c)+(b+d)i$$

引き算

$$(a+bi)-(c+di)=(a-c)+(b-d)i$$

かけ算

$$(a+bi)\times(c+di)$$

$$=a\times c+a\times di+bi\times c+bi\times di$$

$$=(ac-bd)+(ad+bc)i$$

割り算

$$(a+bi)\div(c+di)=\frac{a+bi}{c+di}$$

（ただし，$c=d=0$ でないとする。）

分母の共役複素数$(c-di)$を分子と分母にかける

$$=\frac{(a+bi)(c-di)}{(c+di)(c-di)}$$

$$=\frac{ac+bd}{c^2+d^2}+\frac{bc-ad}{c^2+d^2}i$$

索引

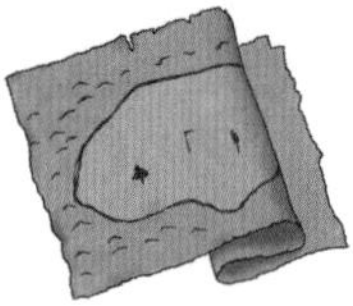

あ

か

さ

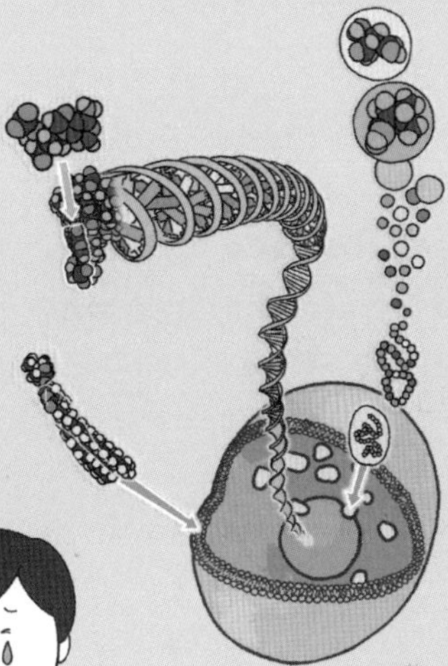

主な内容

イントロダクション

化学って何？

原子と周期表

あらゆる物質は，原子でできている！
周期表を読み解こう！

原子が集まって物質ができる

原子のつながり方と化学反応
分子同士をゆるやかに結びつける力

身のまわりにあふれるイオン

イオンとは何か？
イオンがおこす身近な化学反応

現代社会に欠かせない有機物

有機物は炭素でできている
社会で活躍する有機物

Staff

Editorial Management　木村直之
Editorial Staff　井上達彦，宮川万穂
Cover Design　田久保純子

Illustration

表紙カバー　松井久美
表紙　松井久美
生徒と先生　松井久美
4　Newton Press，松井久美
5~6　松井久美
7　Newton Press，松井久美
8　松井久美
9　佐藤蘭名，松井久美
10　岡田悠梨乃，佐藤蘭名，松井久美
11　Newton Press
12~13　松井久美
14　Newton Press
15　羽田野乃花
16~17　Newton Press
18　松井久美
19~20　羽田野乃花
21~35　松井久美
36-37　羽田野乃花
38~54　松井久美
56~57　Newton Press
59~80　松井久美
81　Newton Press，羽田野乃花
82~105　松井久美
106　Newton Press
107~109　松井久美
111　羽田野乃花，松井久美
112　羽田野乃花
115~119　松井久美
120　Newton Press，松井久美
121　松井久美
122~126　Newton Press
127　松井久美
129~130　Newton Press
135　松井久美
136~137　Newton Press
141~148　松井久美
149~168　Newton Press
170~172　松井久美
173　Newton Press
174　松井久美
175~178　Newton Press
179　松井久美
181~183　newtonpress
185~203　松井久美
204　Newton Press
205　Newton Press，松井久美
206　松井久美
207　Newton Press
208　松井久美
209　Newton Press
210　松井久美
211　Newton Press
213　松井久美
215　佐藤蘭名
216　松井久美
217　佐藤蘭名
218~219　松井久美
220~230　Newton Press
232　佐藤蘭名
234~236　松井久美
238~241　Newton Press
245~247　松井久美
248　Newton Press
250~254　松井久美
255　Newton Press
258　羽田野乃花
259~261　松井久美
262　Newton Press，松井久美
263　Newton Press
264　羽田野乃花
266~278　松井久美
280-281　Newton Press
282-283　岡田悠梨乃
284~288　松井久美
289　Newton Press
290-291　Newton Press，松井久美
292~295　松井久美
297~298　Newton Press，羽田野乃花
300~301　松井久美
302~303　Newton Press

監修（敬称略）：
山本昌宏（東京大学大学院教授）

東京大学の先生伝授
文系のための めっちゃやさしい
虚数

2021年7月25日発行

発行人　高森康雄
編集人　木村直之
発行所　株式会社 ニュートンプレス　〒112-0012 東京都文京区大塚3-11-6
https://www.newtonpress.co.jp/

ISBN978-4-315-52418-5